创始人:**何文辉**
上海海洋大学教授

太和水生态
TAIHE WATER ENVIRONMENTAL

TAIHE

上海青草沙水源地　南宁保利山渐青别墅　上海世博后滩湿地公园　上海宝山段浦河　上海古...

U0248167

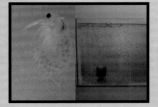

食藻虫吃藻、噬菌

恢复沉水植物群落

构建生态食物链

维稳水生态系统

经典项目案例

大型水库及饮用水源地生态净化

★ 上海青草沙水源地生态修复工程研究
★ 盐城市市区饮用水水源地生态净化中试工程
★ 云南滇池蓝藻污染中试
★ 徐州市饮用水水源地生态净化工程

城市污染河道生态净化

★ 上海段浦河
★ 杭州萧山燕子河
★ 杭州拱墅区横港河
★ 杭州萧山绅园

地产景观水系生态构建

★ 万科-成都五龙山Q地块人工湖
★ 万科-东莞麓湖别墅景观水
★ 万科-长春惠斯勒景观水
★ 保利-南宁山渐青
★ 远洋-美兰湖景观水

公园景观水系生态修复

★ 上海古猗园古漪园
★ 上海闻道园
★ 北京圆明园
★ 上海炮台湾湿地公园

上海太和水环境科技发展有限公司

地址:上海市杨浦区翔殿路256号13层　/　邮编:200433　/　电话:021-35311019-806　/　传真:021-35311017　/　网站:www.shtaihe.com

GOD HAND
神工景观

JOIN US

景观设计师
景观工程师
期待你的加入，成就我们共同的梦想

ABOUT US

专业、敬业、成就伟业
神工景观成立于2002年10月
专业是公司发展的方向，在市场化细分的今天，强调公司专业化方向专业化的技术人员、专业化
的组织管理、专业化的技术服务……专业化的一切是公司在激烈的市场竞争中立于不败的保障
敬业是公司的操作模式，只有本着真正为客户着想的态度，才能运用自身专业水平为客户提供完善的产品、妥帖的服务
本着专业的方向，敬业的态度，成就伟业的决心，神工景观将执着的求索

追求永不停歇
我们的脚步永不停歇

市政公共绿地 住宅区环境 公园景观 道路景观 厂区环境
HANGZHOU GODHAND LANDSCAPE CO.，LTD

杭州神工景观设计有限公司
杭州神工景观工程有限公司

电话：0571-88396015 88396025
传真：0571-88397135
E_mail：GH88397135@163.com
网址：www.godhand.com.cn
地址：杭州市湖墅南路103号百大花园B区18楼
邮编：310005

莱蒙●水榭山

中外景观

Chinese & Overseas Landscape

中国建筑文化中心 编

043

黑龙江美术出版社

cal 中外景观

封面图片来源：东方园林工程艺术中心

图书在版编目（CIP）数据

中外景观：景观设计与施工 / 中国建筑文化中心编
. -- 哈尔滨：黑龙江美术出版社，2013.6
ISBN 978-7-5318-4057-2

Ⅰ.①中… Ⅱ.①中… Ⅲ.①景观设计②景观－工程
施工 Ⅳ.①TU986

中国版本图书馆CIP数据核字(2013)第120931号

中外景观 景观设计与施工　　　作者：中国建筑文化中心
zhongwaijingguan jingguansheji yu shigong

责任编辑：曲家东
出版发行：黑龙江美术出版社
印　　刷：北京画中画印刷有限公司
开　　本：965 mm × 1270 mm 1/16
印　　张：8
字　　数：200千字
版　　次：2013年6月第1版
印　　次：2013年6月第1次印刷
书　　号：ISBN 978-7-5318-4057-2
定　　价：45.00元
(本书若有印装质量问题，请向出版社调换)
版权专有　翻版必究

Chinese & Overseas Landscape

043

主编 Editor in Chief
陈建为 Chen Jianwei

执行主编 Executive Editor
肖峰 Xiao Feng

策划总监 Planning Supervison
杨琦 Yang Qi

编辑记者 Reporters
梁兴芳 Liang Xingfang　刘威 Liu Wei

海外编辑 Overseas Editor
Grace

美术编辑 Art Editor
魏千淮 Dave　周丽红 Zhou Lihong

市场部 Marketing
周玲 Zhou Ling　王燕 Wang Yan

联系方式 Contact Us
地址 北京市海淀区三里河路13号中国建筑文化中心712室（100037）
编辑部电话 （010）88151985/13910120811
邮箱 landscapemail@126.com
网址 www.worldlandscape.net

合作机构 Co-operator
建筑实录网 www.archrd.com

广告代理 _ Advertising Agency
墨客文化传媒有限公司

当**梦想**照进现实

如果田园城市是一个梦想,那景观设计师便是筑梦之人。

　　景观设计的主要任务就是为人类描绘美好的家园,但是将美好蓝图变为现实还是需要经过施工的环节。理论上,景观项目的设计与施工是相辅相成,相互依托的,但是在实际工作中,设计师和施工方经常是相互抱怨,相互推诿,设计师对施工的粗糙和技术含量诟病很深,施工方埋怨设计方天马行空,不切实际。所以,如何协调双方的工作内容和相互关联,是一个优秀景观项目建成的先决条件。

　　本册《中外景观》,邀请了全国知名设计机构的资深设计师及施工企业的负责人,从设计方、施工方的不同角度对二者之间的关系进行阐述,直指问题根源,并在工作中已经做出了有益的尝试。通过访谈,他们将自己的经验分享给更多景观设计从业人员,希望能够推动设计与施工之间的良好沟通与对接。

　　正如东方园林艺术总监袁超所说:当超凡脱俗的乐感天赋与精湛美妙的琴艺指法相叠加时,才可能造就伟大的帕格尼尼。也只有优秀的方案与精良的施工相叠加时,才能造就完美的景观作品。

　　另外,本册《中外景观》的国外板块介绍了荷兰的城市景观及景观设计现状。通过对荷兰的造景历史及景观特色形成背景的描述,阐述了景观与社会、经济、艺术之间的关系,并通过对案例刊登展示了当下荷兰设计的现状与水平。

　　在阅读版块,我们选择了水体生态处理、景观木材和雕塑与景观完美结合的相关知识呈献给大家,希望通过这些文章,为读者呈现新的景观视野,带来有益的资讯和信息。

When the Dream shines into the Reality

《中外景观》编辑部
2013年5月

丘禾国际环境景观咨询

QIUHE INTERNATIONAL LANDSCAPE DESIGN

>>> Add：北京市朝阳区红军营南路媒体村天畅园2号楼2606室

Tel：010 - 84613137 ; 010 - 84916706

主页：qiuhejingguan.com.cn

Email：qiuhejingguan@126.com

合作伙伴
PARTNERS

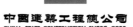

理事单位 Members of the Executive Council

副理事长单位

 EADG 泛亚国际
CEO 陈奕仁

 海外贝林
首席设计师 何大洪

 上海贝伦汉斯景观建筑
设计工程有限公司
总经理 陈佐文

常务理事单位

 东莞市岭南景观及
市政规划设计有限公司
董事长 尹洪卫

 夏岩文化艺术造园集团
董事长兼总设计师 夏岩

 杭州神工
景观设计有限公司
总经理 黄吉

 上海意格
环境设计有限公司
总裁 马晓暐

荷兰NITA设计集团
亚洲区代表 戴军

SWA Group
中国市场总监 胡颖

深圳禾力美景规划与
景观工程设计有限公司
董事长 袁凌

 北京道勤创景规划设计院
总经理 彭世伟、设计总监 陈燕明

 上海国安园林
景观建设有限公司
总经理助理兼设计部部长 薛明

 北京朗棋意景
景观设计有限公司
创始人、总经理 李雪涛

 加拿大奥雅
景观规划设计事务所
董事长 李宝章

 道润国际（上海）
设计有限公司
总经理兼首席设计师 谭子荣

 北京天开园林
绿化工程有限公司
董事长 陈友祥

 济南园林集团景观设计
（研究院）有限公司
院长 刘飞

 深圳文科园林
股份有限公司
设计院院长兼公司副总经理 孙潜

 天津市北方园林市政
工程设计院
院长 刘海源

 绿茵景园工程有限公司
董事长 曾跃栋
执行CEO 张坪

GMALD 杭州林道
景观设计咨询有限公司
首席设计师、总经理 陶峰

 杭州泛华易盛建筑
景观设计咨询有限公司
总经理 张挺

 南京金埔
景观规划设计院
董事长 王宜森

 天津桑菩
景观艺术设计有限公司
设计总监 薛义

 苏州筑园
景观规划设计有限公司
总经理 张术威

 杭州易之
景观工程设计有限公司
董事长 白友其

 杭州八口
景观设计有限公司
总经理 郑建好

 上海太和水
环境科技发展有限公司
董事长 何文辉

 广州山水比德
景观设计有限公司
董事总经理兼首席设计师 孙虎

 LAD—上海景源
建筑设计事务所
所长 周宁

 瀚世
景观设计咨询有限公司
总经理（首席设计师）赖连取

 汇绿园林建设
股份有限公司

 河北水木东方园林
景观工程有限公司
总经理 冯秀辉

 北京三色国际设计
顾问有限公司
董事兼首席设计师 陈昌强

 上海亦境建筑
景观有限公司
董事长 王云

 北京都会规划设计院
院长 李征

会员单位

 浙江城建园林设计院
所长、高级工程师 沈子炎

 重庆联众园林
景观设计有限公司
总经理兼首席设计师 雷志刚

 上海唯美
景观设计工程有限公司
董事，总经理 朱黎青

Contents 目录

全国政协副主席张梅颖、中国驻荷兰大使张军、中国花卉协会会长江泽慧、国际园艺生产者协会主席杜克.法博、2012世界园艺博览会执行委员会主席鲍尔.贝克等中外贵宾参观在中国国家展园并合影留念

中外来宾参
中国馆日活

荷兰NITA亚洲区代表戴军
陪同中国政府代表团团长、
中国花卉协会会长江泽慧一行
参观中国国家展园并签字留念

荷兰NITA设计集团
副总裁方盛陪同
中国政府代表江泽慧、
庄国荣参观中国展园

NITA

绿色城市实践者

NITA设计作品：2012荷兰世界园艺博览会 "中国国家展园" 局部实景
Photo - Attraction of China Garden at Floriade 2012 (Designed by NITA)

荷兰NITA设计集团一直关注自然、城市与人的关系。2002年NITA将绿色城市理想带入中国，积极传播并实践绿色理念，建成了以5.28平方公里世博园为代表的系列作品。2012年NITA将绿色城市理想带回荷兰，在代表世界园林园艺最高水准的荷兰园艺博览会中，将一座融合绿色技术的中国式园林展示给世界，并获得了中国国家领导人以及各国政要的赞誉。

NITA Design Group concerns about the relationship between the nature, cities and human beings. 10 years ago, NITA imported Green Idea to China and has completed a series of projects including the Expo Park of 528 hectares at Shanghai Exposition 2010. This year, NITA brought Green Idea back to Holland presenting a Chinese traditional garden at Floriade 2012 and won acclaim from the authority.

NITA

Enjoy Green

www.nitagroup.com

地址/Add：上海市田林路142号G座4楼　　电话/Tel：86 21 31278900　　客户专线：400 111 0500　　Email：info@nitagroup.com

批评的镜子

丁奇，北京建筑工程学院副教授

过去的 10 年是中国城市化发展最快的 10 年。就像 IFLA 前主席法加多说的那样：中国发展所经历的规模、尺度和速度，是以往西方社会所未尝经历过的。快速全球化与城市化带来严峻的环境危机的同时，也给景观设计师带来了巨大的机遇。近 10 年来在中国，大批的国营设计院与私人设计公司在市场上争流弄潮，又有不少中国的景观作品摘得 ASLA、IFLA 的国际大奖，令许多国外设计师艳

The Critical Mirror

Park, Commonweal, and Social morality; Green, Conscience, and Common Aspiration

景观设计职业在 30 年前的中国是一个时常被人误解的行当，那时大学里的科目先称之为"园林绿化"，后又更名为"风景园林"，游走在工、农、林各门类的边缘，很难向公众解释清楚到底除了在公园绿地里搞些亭台花草之类的小情趣外还能有何作为。在一个从精神到躯体都被禁锢的年代，这个粉饰太平、装点吉祥的行当显得如此渺小软弱。

风云乍起的经济大潮似乎转眼间就将这个浑浑噩噩的职业激活，以"景观设计"的包装登场，在各种政治节目和商业策划中扮演不可或缺的角色，或在超人尺度的城市广场上渲染非凡气魄，或在禁卫森严的豪门深宅中描画不世仙境，为权力造势，为财富标榜。景观设计借助外在权力和财富提升自身的社会认知度和影响力，亢奋之暇似乎时而也应该自省一下行业的社会公共价值。

华夏文明源远流长，但中华造园史上只有私家园林和皇家园林的身影，公园实实在在是

一个随着西方文明浸渗入老大帝国的舶来品。由于公园的原旨是在一个公共空间里每个人都可以在公共规则下享有平等权利的自由和尊重，与"普天之下莫非王土"的尊卑等级观念格格不入。在公园的范畴下，群体不代表个人，个人也不能否定群体，个性的发挥和群体的稳定是平衡的两极。

飘扬一个甲子有余的理想主义大纛在商海狂飙中被吹打得支离破碎，于是就有人重演孔孟国学的复古剧以求灵魂安宁。西人没有圣贤服可套，却知道用绿色维系公益的长久。Olmsted 在一个半世纪前就用 340ha 的纽约中央公园在全球最昂贵的土地上保存着人类对美好的自然的向往，承诺对每个人永远彻底的开放，体现的是对人的基本权利的尊重，弘扬超越权力和金钱的人性的关怀，这种尊重和关怀在一个连搀扶跌倒老人都有风险的社会里是何等缺失。

社会总体的富裕未必能创造社会的祥和，

依靠权力和财富对社会资源进行过度分配后，依托不泯良心的社会公益的存在可以调和分配不均产生的对立情结和差异感，体现社会责任心和均好性。每个周日香港铜锣湾维多利亚公园周围的大街小巷被席地而坐的菲籍人士堵得寸步难行，但并不见有"城管"干涉。伯克莱加州大学旁的 People's Park 素来就是流浪汉和反传统人士的家园，也能与周边社区相安无事。美国的 Park 与中国的"公园"概念经常不对等，没有围墙，融入社区，设施简单，用材朴素，大小由之，因地制宜，多活动场地，少雕琢景点，说白了就是一块放大的后花园，人人参与，人人爱护，民主本意由此而得。

公园绿地滋养公民公德意识，国人时常慨叹西人举止文明、高雅有礼，殊不知言行修养需要在优美宽松的社会环境中养成。1868 年，上海外滩公园草创初期对华人的限制其实主要是出于对彼时华人公共场合不雅举止的顾虑。公园是行为的规范场，个人以任何形式对公共

羡不已，俨然一个设计的繁荣时代。然而在喧嚣之后，我们冷静思考这样的问题：中国的景观设计整体水平真的达到了这样的高度了吗？

我们必须清醒地看到，虽然少数景观设计师已经能与国际顶级景观设计师同台竞争，但中国景观设计界整体水平低下的事实却难以遮掩。价值观的缺失、设计语言的匮乏和施工水平的落后，使得各种风格不同但却一样充满装饰美学，对环境问题缺乏应对的"垃圾景观"充斥在中国的大小城市。零星的优秀作品在众多的"垃圾作品"中显得那么形单影只。尽管公众对景观的兴趣与日俱增，设计师对景观内涵的理解也不断加深，但景观行业在整个社会中的声音还十分微弱，景观设计界自身还缺乏冷静的批评和审慎的反思，中国的景观设计像一个"缺乏批评的孩子"在困难与诱惑面前艰难独行。

我们强烈地需要批评的声音，需要严肃的洞见和审慎的反思。景观批评的神髓在于切入景观设计普遍的本质来讨论景观设计的价值取向与思想内涵。批评其实是一种希望、一种期盼，就是希望通过批评与反思冲破旧有观念的束缚，找到中国当代景观设计发展的新方向。正如周维权先生在《中国古典园林史》（第二版）自序中写道："就当前的园林建设而言，接受现代园林的洗礼乃是必由之路，在某种意义上意味着除旧布新，而这个"新"不仅是技术和材料的新，重要的还在于园林观、造园思想的全面更新。"

除了向西方学习新的理论、技术与方法之外，我们也无法回避民族性的问题，如彼得·沃克的作品常常深刻反映了西方古典园林的精神、高伊策的设计总是带有浓浓尼德兰民族情感一样，我还是希望有人来关注景观设计的民族性问

题。马清运曾对当代中国建筑发出这样的哀叹："第一个困境，我们还是用西方的建筑教育和西方的建筑实践来解决中国的问题，这个可能在一段时间里是有效的，但是从长久来看，还是需要重新思考的，并且重新进行批评，我认为大家现在工作速度都比较快，创造了很多的作品，但是根本的困境仍然是没有解决的，或者说只是暂停了一下而已。"自西方舶来的先进的"洋"技术和"洋"方法与复杂严峻的中国环境问题一经碰撞便擦出了绚丽的火花，只是这样的火花若没有民族性作为支撑，还将会绚丽多久？

最后，希望今后能有更多的批评声能涌现出来，因为我们不能只听到那几个人的声音，总是少数人的发声是无趣的，更是可怕的。我们呼唤更多的声音，这对当前的景观设计界非常重要。就像伏尔泰说的："我不同意你的观点，但我誓死捍卫你说话的权利"。

资源（视觉、空气、水、设施、植栽）的无度消费本质上是对他人权益的侵犯。

经济大潮中的城市绿化建设也经常扮演着双重性格的角色，一方面各地为树立生态城市的标竿想方设法推高城市绿化率，大肆兴建环城绿带、中心景观轴之类业绩工程；另一方面又不时以旧城改造，改善交通，促进经济等公益名义把与市民休戚相关的中心城区公园绿地或关或移或改，杭州、海口、昆明、南昌……都在进行着城市绿地的市民保卫战，胜算寥寥。在改天换地的蓝图伟业中，一块绿地的得失固然微不足道，波及面又时常局限于人微言轻的弱势群体，而正是这些芥茉草民把这星星点点的残绿剩红当做自身社会价值的最后屏障，期望分享一杯为官为富者盛宴后的免费残羹。

景观设计师从来就是一个受人驱使、替人做嫁衣的买卖，为社会大潮卷裹，随波逐流，并没有一丝话语权。为稻粱谋奔波之余，如果心中尚有对公益公德，良心民心的一线牵挂，或在庙堂之高，或在江湖之远，即使无力，纵然有心，也不妄做人做设计的善品。

公园、公益与公德，绿心、良心与民心

秦颖源，AIA, ASLA 意格国际副总裁，设计总监，美国注册建筑师

贝诺（Benoy）：
设计在现场进行

贝诺（Benoy）国际设计建筑公司，总公司位于英国，在中国北京、香港、新加坡、孟买等地共分布有 9 家办事处。完成的项目包括英国著名的零售商业地产 Bluewater、香港圆方商场、新加坡 ION、上海陆家嘴国金中心商场、韩国首尔国际金融中心商场等。2013 年 3 月 21 日接受了《中外景观》的采访。

Benoy:
Make the
Design
on the
Site

COL: 在项目设计中，你们如何做商业动线和视线设计？

贝诺：我们认为动线是项目成功的关键，并且在视线上不能有死角，也就是进到商场来的客人可以一目了然商场里面都有店面，因为看不到的店铺可能就没人来，而且在逛过之后还能很容易地找到回去的路。

COL: 香港圆方商场是你们在亚洲做的第一个项目，这个概念实际上运用了五行的概念，这是传统的中国文化，你们如何学习、了解这种文化的？

贝诺：设计中我们最关键的基本要求，就是工作中一定要有全球思维、本地行动，也就是我们的设计必须要符合当地的地理环境、文化和国家的情况，否则就等于无视当地历史和文化，这是我们不认同的。在中国的设计中，我们也做出了很大的努力，希望能够保持中国的文化，而不是西方的样式，或有太多西方的理念。

我们公司共来自 40 个国家的 500 名员工，无论是什么样的设计团队，都有当地人帮助我们能够在文化丛林中从容应对，在新加坡办事处我们有一个缅甸人，在伦敦的办事处有韩国人也有中国人，无论在哪里我们都吸取和分享当地的文化。

现在我们有同事到蒙古开发项目，他们在那里要学习关于材料的全新语言，了解那里对于空间的感觉，所以是一个新冒险，但非常有吸引力。香港圆方商场是一个非常大型的项目，我们分几个不同的组成部分设计，比如如用钢元素代表现代、先进有棱角的感觉；用食物、饮料、自然界的东西来代表土，这样可以给商场里的店铺一个很好打造品牌的机会，同时也有助于商业销售。

我们做的很多大型项目中，材料的选择都非常重要，有时可以影响店铺的客流量，不适合的材料可能会使客人觉得可能太昂贵，或不够好，但整个设计一定要把当地的文化、当地的民众和消费情况考虑在内。

COL: 在各国做施工时，有没有涉及和当地设计公司的合作？向施工工地派驻设计师势必产生一些额外的费用，甲方愿意承担这些费用吗？

贝诺：我们做每个项目都会和当地的设计公司合作协调，这是必要的。而且很多成功项目的顾问都必须是一个团队。我们愿意让当地的公司参与到设计中。有时最初的设计与在建的工程会有冲突，这样就需要经常和他们开会讨论，最终达到比较好的施工质量。这种改动一定要收一些费用，但比较少。

实际上，各地的建筑承包商都希望快速完工、节省资金，开发商要求保持价值和标准，作为设计师我们也有自己的标准，所以在中间需要找到平衡。客户有时为保护自己的产品，希望有更多的国际性建筑，不要融入太多当地的事物，在马来西亚、英国等都会遇到，所以我们有时选用的材料比较复杂，是当地人不太熟悉的。

白涛：构建**旅游地产**
的可持续发展模式

白涛

哈尔滨人，北京易德加华建筑景观规划设计有限公司创始人，首席设计师，高级园林工程师，当代艺术家。2010 年 9 月至今被聘为黑龙江大学艺术学院客座教授。

Bai Tao
Structure the
Sustainable
Development Mode
for Tourism Property

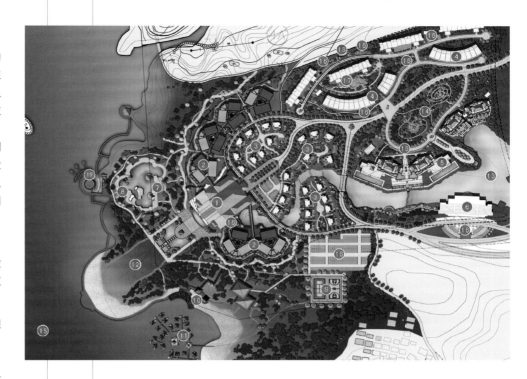

COL: 您认为是什么在促进旅游地产的发展？

白涛：目前旅游地产深受大家喜爱，因为人们对居住环境的要求不再局限于平时工作生活所在城市的环境。随着社会的发展，现在人们追求的是一种更高的生活环境，我把它定位为一个概念叫"心理空间"，这种"心理空间"的需求已经从室内转到室外。随着对心理空间需求的增长，人们开始走出喧嚣的城市亲近大自然，心理需求空间随之无限壮大，这就是人们喜欢去旅游度假胜地买房子的主要原因，同时带动旅游地产的发展。

COL: 目前我国的旅游景观设计项目有很多，但是旅游开发商认为景观设计师做旅游景观设计并不能满足他们的商业需求，您如何看待这个问题？

白涛：旅游景观设计与商业不可分割，但开发商常常不满意景观设计的主要原因有两点，第一，开发商自身的原因，这里的因素很多。其次是设计师的原因，因为现在很多景观设计都程式化看起来没有灵魂，没有一条清晰的线路，这条线路因项目而异。举个例子，我们为博鳌做的配套项目在万泉河边，这个项目要体现出旅游地产的综合性，我们的建议是将文化和艺术元素融入旅游地产里。这是一个总体规划，不能在做旅游地产时把景观单独分开，一定要综合考虑。我们为这个项目规划了水陆两大交通，把整个项目以环形的形式整个围起来，水上交通主要引用万泉河的水，在最初的规划时考虑做一个景观大道——艺术长廊景观大道，我们在项目规划初期就把这些景观语言、要素、文化、艺术考虑在内才使得这个项目顺利得到开发商认可。

目前很多设计公司对项目的定位并不明确，并且甲方各自对对方没有深入的了解，设计完成后效果并不精致且没有整体性，很多图纸大多是克隆别人的，不分地域、不分方位，使项目没有特点，随处可见相同的景观。开发商们渴望找到一位能将旅游景观与项目整体结合，对旅游景观有深刻了解的设计师，现在多数设计师都是模式操作，很快就可以完成一个项目但是忽略了项目的质量，从而产生了很多同质化景观设计的项目。

COL: 旅游地产都位于风景秀丽，生态环境没有遭到破坏的地区，对待这样的地区设计师应该更加细腻敏感，那么，在设计的出发点和设计过程中旅游地产与其他景观比有什么不同？

白涛：在这儿我也呼吁政府和地产商，在开发旅游地产时一定要注重生态的保护，国家有法规的景区内不能做商业地产。我主张尽量不要破坏原有的自然生态，在这个基础上去整

理、加工，它的景观环境特点就是原生态和丰富的历史文化，我希望能够为我们的子孙后代留下一些东西，做出有文化、有艺术的景观是最关键的，用文化、艺术设计的思维去设计景观，是旅游地产的最大的特点。当今社会尤其是中国面临着高速改革开放的发展，在利益的驱动下，造成环境破坏的罪魁祸首是谁？就是我们设计师。因为政府要政绩，商人要利益，不管政绩行为也好，商业利益也罢，最终将其实现的还是我们设计师，我们在物质和压力的驱动下丧失原则，只能屈服于他们，一些文化古迹，美丽的自然景观和几千年留下的文明，都毁在我们手上，所以从我们这一代的设计师开始努力要做的是，如何为子孙后代留点东西，不要再去破坏它，想方设法怎么能够传承文化和保护原生态，这就要我们有足够的知识和智慧来说服引导甲方，也是一份责任。我们在海南屯昌木色湖做了一个旅游地产综合项目的景观设计，设计原则就是保护原生态，举一个例子，我们设计了一个茅草亭，与以往我们经常看到的凉亭不同，柱子选用当地树木，把皮剥掉做了防腐处理，不加任何装饰，底部用来围合的材料都是当地的火山岩，就地取材不仅有特色造价，也很经济，在景观设计符号的运用上可以体现出当地的文化。

COL: 文化落实到景观或建筑行业上就需要将其具象化，您在海南的项目是如何去保留当地的文化的？

白涛：举一个典型的例子——博鳌的蔡家大院，海南传统民居一直延续着中国传统的"合院式"民居的空间特征，注重院落围合感，但是里面的装饰柱是欧式的。在明末到清末这段历史时期，国内战乱不断、民不聊生，为了维持家庭生活、改变命运、躲避战乱，海南百姓一次又一次、一批又一批地偷渡到南洋谋生，在他们回归祖国的同时带回来一些南洋的文化和建筑形式，那时的海南大部分建筑都具有南洋的风格符号，但是在文化大革命时期很多南洋建筑都遭到了破坏，现在留存完整的只有蔡家大院。海南省政府向国家申保将蔡家大院作为国家重点保护建筑，因为它代表了当时海南人闯南洋的历史和报效祖国热情，所以它值得被保护。

我们的方案以侨乡文化为主，水满街是中式的南洋建筑，我们在没破坏老宅的基础上把海南与南洋的文化放大，外部设计了水寨水街以及景观长廊。我们把文化注入景观以后把艺术注入景观长廊，艺术长廊大道的两边陈列了很多艺术作品，我们规划了艺术馆、侨乡博物馆，让艺术家们

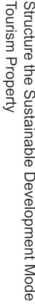

Structure the Sustainable Development Mode for Tourism Property

> **Bai Tao**
> **Structure the**
> **Sustainable**
> **Development Mode for**
> **Tourism Property**

把作品陈设在景观里，等到展览结束，一个季度或者半年更换一次，新的一批艺术家再将自己的作品陈列到那里，这是一个动态的艺术长廊。

COL： 做旅游地产时与原住民有没有产生一些冲突，如何跟他们协调？

白涛： 这要分两部分做，一部分要做好政府的工作，将新农村建设真正的落地，海南的一个旅游地产项目，我们为原住民做了一个别墅式的风情小镇，让他们有生存的空间，去创造一些工作机会维持他们的生活，这个很重要，在做设计的时候要考虑到的。另一部分我们在海南屯昌木色湖村做了一个"文化艺术文化产业园区"——画家村，这是一个典型的跟农民合作项目，在设计规划时把农民的宅地收回来统一规划，改变原有松散的居住模式，集中建设了村民居住区，多余的空地建成文化产业项目，做成了文化产业也解决了农民就业问题，租金由政府和农民签订利润分配，这样农民还有一些收入，农民变成了股东，由于既推动了地产开发又解决了农民安置，政府也非常提倡这种形式。

COL： 做旅游地产设计时做房子需要用到材料，比如石材、植物材料，材料的使用问题您怎么去解决呢？

白涛： 做景观我主张因地制宜就地取材，可以减小成本，尽可能的不要去破坏生态。当然现在有一些高端项目的节点处理上，还是避免不了要增加一些成本。

COL： 旅游地产由于位置原因出现一个严重的问题就是基础设施建设无法配套，房子盖起来了但是配套的设施跟不上，比如交通、超市、医院等，现在海南旅游地产会不会也遇到这种问题呢？

白涛： 这个问题是普遍现象，海南大的旅游地产项目配套有些开发商做的还是不错的，对于配套设施做的比较全面。但是需要分期开发，还要看整体的规划。其实要实现完备整体配套设施很难，比如一座山和一个海湾开发建设需要十到二十年，这种大型项目的配套设施开始就很难跟进，但海南做的还比较好，可是小的项目就不行了。我们在做项目时会做预算和项目的性价比，现在人们买房不单是买一个小鸽笼里面的住宅，而是买下一个环境。

旅游度假的房子都是远离闹市区的，在短时间内全面解决配套设施不太现实，但是可以通过提高与市区的通勤频率来解决生活不便的问题。我相信在不久的将来地产模式成熟了配套也会跟进的，目前医疗设施在海南旅游地产中是最急需解决的问题，因为海南旅游地产目前服务的人群中老年人占很大的比例，所以医疗设施的配套格外重要。

landscape architecture

万科 VANKE

保利 BAOLI

大华 DAHUA

landscape architecture

清能 QINGNENG

landscape architecture

中冶 ZHONGYE

广电 GUANGDIAN

中建三局 ZHONGJIANSANJU

landscape architecture

ZHONGCHUAN
HUANYA

ARCHITECTURE LANDSCAPE ENGINEER
DESIGN CO.,LTD

ZHONGCHUANGHUANYA

中創
環亞

建築景觀
設計工程有限公司
ARCHITECTURE LANDSCAPE
ENGINEERING DESIGN CO.,LTD

SINCE 2003

地址：武汉市江岸区解放大道1208号
江国际A座505室

联系电话(传真)：027 - 82635263

E-mall：zhong-chuang@163.com

网址：www.whzchye.com

企业服务
Services

工程建设
Engineering Construction

规划设计
Planning And Design

苗木种植
Nursery Planting

　　汇者，汇贤聚才以图治；绿者，巧用匠心营绿境。

　　正是秉着"汇贤图治、绿境文心"的企业宗旨，经过10余年的磨砺，公司已发展成为一家集园林景观规划设计、园林工程建设、绿化养护及苗木产销等为一体的完整生态建设发展的城市景观生态系统运营商。未来，公司将继续以促进生态文明建设，创建和谐美丽城市环境，发展风景园林事业为己任，以科学的管理、优秀的团队、务实的作风、创新的意识、良好的声誉，竭力营造优美的作品、提供专业的服务，回馈股东，服务社会，为"美丽中国"建设作出贡献。

城市园林绿化壹级 ｜ 市政公用工程总承包壹级 ｜ 风景园林设计甲级 ｜ 城市及道路照明工程专业承包壹级 ｜ 园林古建筑工程专业承包壹级

ADD：浙江省宁波市北仑区长江路1078号好时光大厦1幢15.17.18楼 ｜ TEL：0574—55222515 ｜ FAX：0574—55222999 ｜ E-MAIL：HR@CNHLYL.COM

李建伟

东方园林景观设计集团首席设计师
EDSA Orient 总裁兼首席设计师
北京东方艾地景观设计有限公司总裁
美国景观设计师协会会员
美国注册景观规划设计师
清华大学继续教育学院客座教授
西北农林科技大学客座教授

Li Jianwei ≫
Design
is Everywhere

++

李建伟：景观设计
无处不在

++

20 多年的职业生涯中，李建伟先生在区域景观规划、风景区规划、高档主题酒店、旅游度假项目、公共设施及社区居住项目等领域的规划设计中建树卓著。在美洲、欧洲、亚洲、中东等多个国家有着丰富的跨国设计经历。

李先生的设计融合景观本土的文化精神，体现着对享用景观的人们生活质量的关切。他不仅拥有艺术家的奇妙构想，更有将构想转化为令人惊叹的实景的驾驭能力，能够领导从概念性总体规划、方案初设、详规到施工监理的全程服务。他特别擅长于以抽象性表达将景观的生态要素、生活功能与文化内涵密切地结合起来。其特有的艺术敏感度以及对美学原理的尊重充分流露于他的作品之中。

2007 年李建伟被中国世界贸易组织研究会、中国社会科学院、香港理工大学亚洲品牌管理中心联合授予"全球化人居生活方式最具影响力景观设计师"，其担任主要设计师的美国阿鲁巴岛玛瑞尔特冲浪俱乐部，被 Conde Nast Travelers 评定为 2001 年世界最佳度假区，美国瑞迪逊加勒比海度假区被"度假及酒店杂志"推选为"2001 年度假及酒店鉴赏家首选之地"，并获美国景观协会的设计优秀奖。

任何项目都是不完美的

COL: 您从美国回来有多久了？

李建伟: 我回国做项目已经有十多年了，但是全天 24 小时呆在中国，是从 2006 年 3 月份开始，当时 EDSA 总部正式任命我为亚洲区总经理。在这之前是在美国的奥兰多，那是个有环球影城、迪斯尼的一个旅游城市，在那里的 EDSA 工作了 12 年，主要是做美国南部和加勒比海，包括中东的一些项目。

COL: 那您觉得在美国做项目和在中国做项目哪个感觉更好？

李建伟: 从生活的角度来讲，美国比较轻松、稳定，而且比较按部就班有程序。在中国有时候会顾此失彼，不得不忘掉比较正常的生活规律去疯狂地工作，但是，做项目还是在中国更有意思。

COL: 为什么，哪个方面有意思？

李建伟: 中国的项目比世界上任何其他国家项目都更多、更大、更有挑战性，当然有时候会被迫速战速决，但是不符合流程的设计，出现的问题也很多。全面来看，中国是设计师的天堂，而在美国一年做三个项目就很了不起了。

COL: 但是以中国做项目的速度和效率而产生的品质与美国相比会有什么不同？

李建伟：品质方面确实会受到一些影响。有很多时候做项目不是一拍脑袋、一个灵感就能解决问题，这其实要经过很长时间的推敲，要走完整个设计过程，才能够说是完成了一个比较好的项目。设计过程中很多问题才会浮现出来，如果你不把过程中的某些环节去掉，你就看不到那些问题，更谈不上解决它了，而现实中存在太多的不完美。

COL: 那您心里接受这种不完美吗？

李建伟：不得不接受，任何项目都是不完美的。比如我在加勒比海做项目，一个项目需要一年到两年的时间，虽然要花很多时间推敲，但还是会有些小瑕疵的，没有任何一个项目是没有瑕疵的。所以会有很多遗憾，这些遗憾有时候是避免不了的，或者是没办法规避的。

COL: 现在大家效率这么快，肯定会有很多东西没有想到，甚至对项目的将来有一定的影响。

李建伟：是的，会有这样的情况。

COL: 那在您做项目的时候，会不会给将来留一定的余地？

李建伟：我们会尽可能地为将来留一定的余地。但是很多时候由于甲方的非专业性与迫切性会影响这个余地的大小，所以我们会尽量掌握主动权。

COL: 那您需要去说服他们吗？

李建伟：我一定去说服他们，我从来不放弃任何一次机会。一旦有机会，我就要想办法争取主动权，市长也好，规划局长也好，你都得好好和他们沟通，都要争取主动。

COL: 有效果吗？

李建伟：当然有效果。其实任何一个甲方都想把项目做好，出发点都是一样的。有时候因为过程把握不好取得的效果却不尽如人意。例如河道治理，水利专家为了防洪就将河道取直，砌筑堤坝，虽然他们是在做好事，但是所有水与城市、与土壤、生物都被堤坝割断了，生态的联系性被割断了，同时景观也被破坏了。

COL: 您会不会觉得，更难说服的并不是那些领导，而是其他方面的专家？

李建伟：我觉得都难说服。中国风景园林行业能够称得上专家的人极少，不是年纪大就是专家，也不是对事情有看法就是专家。中国景观行业里所谓的专家所了解的东西都不一定对。有些时候甚至会误导一些业内人士，有时候，一个专家评审会，一些所谓的"专家"会把设计引导到一个错误的方向，如果这种情况一直持续下去对景观行业的影响是很大的。

COL: 那您觉得您是专家吗？

李建伟：我也从不把自己当什么专家，不过我的知识面相对来说比较广，经历的也特别多，并且年纪比较大了，所以专家这个词对于我来说在某些方面是可以的，比如在对现代景观的理解和创作方面，我是有专心研究过的，但是在有些方面我只是知道一些皮毛，例如水利方面，土壤修复方面等。

建立学科统筹体系

COL: 其实设计师很大一部分的工作，不是去营造什么东西，而是把地块的利益最大化，协调其他的专业共同合作，让项目做得更好。

李建伟：对，是这样的。景观涉及到的学科很广，这就是为什么我最近去北大作了一个叫"景观统筹"的讲座，统筹这个词很重要。每个人都自以为自己为城市环境做了一部分贡献，一个城市，做道路的人只管交通计算，然后把道路修得很直很宽，做水利的人把河道修直，以为把洪水问题解决掉就可以了，但是没有一个专业，没有一个人在做整体统筹。道路的修建会直接影响到景观，影响到生态的，甚至对城市生活也有影响。河道修直了，解决了水利问题，却破坏了生态。所以我认为景观统筹是最好的景观发展途径，这个行业本身应该要做到这一点的。一方面是要求做景观的人也要参与城市规划、水利工程、道路、桥梁工程的决策中去，另一方面就是将这些事情统筹规划，同时要求我们做景观的人努力学习，把这些本应该做的事情都做好。

COL: 目前风景园林成为一级学科却没有独立的体系，您认为景观专业可不可以有一个独立的体系？

李建伟：我认为景观专业应该设立独立体系。风景园林是一门融入自然科学、工程技术和人文科学的综合性学科，它涉及到很多方面的知识，所以我们应该将风景园林设立独立的体系。知道自己要干什么，只有这样学生们才能深入的研究这门学科，才能使景观行业更加强大、更加充满希望。但是就目前国内的风景园林专业来说知识相当匮乏，教育不仅应该教会学生知识，更应该教会学生应有的实践能力，可是目前我国的教育只重视知识教育，在实践能力教育方面基本上是空白，对刚刚大学毕业的学生来说就业是个大问题，空有满腹经纶却无用武之地，对景观行业来说实践尤为重要，只有理论知识与实践相结合才能游刃有余地处理问题。

COL: 但是当下的景观教育，会不会距离您所说的观点太遥远了？

李建伟：确实很遥远，这使我感到非常痛心，中国景观行业大多数人都没有学过竖向、水文、气象、土壤、微生物，不知道产业规划，不懂经济。作为一个景观设计师，我们现在的教育太缺失整体意识，所以现在的学生们毕业以后，进公司要重新学习竖向、雨水管理等等。大多数人停留在画图案的水平上，有的连图案也画不好，一个设计光是图形漂亮并没有多大意义。

COL: 是的，学生们还都停留在现象的表面无法深入。

李建伟：这是社会问题，社会总是要求景观设计师做一些不应该注重的东西。比如现在几乎所有的甲方对景观设计师的要求都是把这个地方优化一下、美化一下。然后我们就变成做装修的人了，这是不对的。景观人应该是解决生态的问题，解决弱势群体生活环境的问题，解决社会生活的问题，以及解决人和人之间相互关系的问题，要解决很多方面的问题。但是

株洲神农广场

Li Jianwei
Design is
Everywhere

1/2/3 成都保利皇冠假日酒店

目前社会把我们放在一个比较尴尬的位置。不过时代在变，我在美国的时候，受到一个启发，很多建筑工程公司、桥梁工程公司、市政设计公司招聘了大量学景观的人。其原因就是他们在做桥梁设计、道路设计的时候，希望有景观设计师参与，就能够把握桥梁、道路的选址、选线，尽量不破坏自然，能够把这些人工设施变成自然的一部分。如果一条高速公路建得合理，它所保住的生态环境远比你建十个甚至几十个公园要强的多。

COL: 那么中国出现这种趋势了吗？

李建伟： 没有，差得还很远。我在美国上研究生的时候，有规划专业和建筑设计专业的学生跟我们一起上课。原因是他们对景观感兴趣，要学习景观，可以丰富他们的思路，改变他们的想法。建筑已经开始走向生态、走向环境了，它不是一个封闭的小屋子了，他们把它的灵魂跟外面的自然产生联系了。景观统筹已经不远了，世界各地已经开始在做了，只是我们还在摸索。我们的教育非常落后。

景观无处不在

COL: 您认为景观设计行业的发展与整个社会的发展有怎样的关系？

李建伟： 在一个国家、一个社会很贫困的时候，是没有精力、没有资金来考虑整个环境的。人类是从掠夺自然开始的，建筑师为什么受重视，因为他做完一个项目人们马上就可以用，对于很多穷人来说，能用就已经够了，做景观就有点奢侈。这就是为什么建筑师们受追捧，而我们老是不受待见的原因，因为很多人认为我们是可有可无的。但是社会在变化，人们的生活品质越来越好了，人们素质也越来越高了，以前我们不懂得生态有多么重要，不懂得空气和水有多么重要，现在已经认识到生态环境比建筑更重要。

景观是无处不在的，比如北京"721"洪水事件，大家肯定认为是北京的排水管道不行，走水不均，从而导致了"721"那么惨痛的后果。北京管道确实存在某些问题，然而北京更大的问题是没有调蓄系统，不知道大水来了以后如何引导，没有调节雨水的池塘。在整个生态系统中洪水是很重要的一个环节，特别是像北京这样一个缺水的城市，每年地下水位都在下降，那么多的洪水本来应该是宝贵的资源，但是现在人们却因为没有将这些洪水顺利排掉而大伤脑筋，当你把水都排走了，又为缺水干旱而大伤脑筋，这个问题就应该是我们做景观的人去解决。

COL: 您有没有将您的观点告诉城市管理者？

李建伟： 当时我给市长写了封信，市长就回复说我提出这个问题很尖锐，也很有意思。让水务局跟我联系，看我们能够得出一个什么样的好的结论，怎么样来改变北京的水环境。我提出调蓄系统的概念，在国外这是被法律保护的，任何一个开发商，不管项目的大小，都必须做到地块内部雨水平衡，必须要做调蓄池塘，在任何一个发达国家的城市里，都可以看到很多水面，但是在北京看不到。所以我们需要建这个系统，把雨水留在北京城里面，让它滋养植被，让土壤重新有水回流。

COL: 在您目前做的项目中，有没有将刚才您提到的关于生态的思想渗透到里面？

李建伟： 当然，这体现在我所有的项目里面。首先，所有的项目，不管大项目还是小项目，私人项目还是市政项目，生态都是必须考虑的，没有一个项目能够不考虑生态。

COL: 那和甲方的要求有没有冲突？

李建伟： 我认为考虑生态是不会给甲方带来经济损失的，反而是会给这个项目增值的。

COL: 其他城市遇到过他们请您去解决和景观没有关系的问题吗？

李建伟： 他们要我去解决城市规划的问题，在中国每一个城市规划都存在一些问题，目前为止我没有看到哪个城市的规划是根植于这个城市的土壤和自然资源的。一个城市的水资源、土壤资源、森林资源、包括城市的气候都是规划的基础条件，好的规划就要合理利用这些资源，发展产业，构建城市良好的生活配套。

景观需要亲历亲为

COL: 您现在还会借鉴 2006 年之前您在国内做的项目么？

李建伟： 当时我只做设计不参与施工，每一个项目我都非常积极的投入到设计中，但到落实后很多设计想法和理念往往被商业元素或施工局限所改变，最后的效果与我的设计落差很大。现在会吸取当时的教训不断改进。

COL: 您认为导致这种情况发生的根本原因是什么？

李建伟： 原因是中国对工程项目的立法和管理都处在一个非常低级的阶段。在国外会相对严格，比如说迪斯尼绿茵度假区是我从概念设计一直跟踪到现场巡检。实际上我没有权利去指挥工程人员该怎么做，因为图纸就是法律，他们尊重图纸尊重设计，现场出现问题工程人员会及时反馈给设计师让设计师做变更，如果工程人员没有按照图纸操作出了问题就要承担法律责任。他们会注意工作中的每一个细节，每个人都非常清楚自己的责任，而我们国内对于这些法律条规和管理却是模糊不清的，我们正处在景观发展的初级阶段，很多方面都不成熟。我认为最不成熟的一点就是设计师对现实的估计能力很差，并且基本上不会到现场去，不接地气，只是埋头画漂亮的图案，对于现场的施工流程、内容一概不清楚，我很庆幸早期在 EDSA 画了几年的施工图，这些经验让我受益匪浅。我认为景观设计不是高科技，它是工程艺术，需要动手，需要亲历亲为。

COL: 您到国内工作以后，还会去工地吗？

李建伟： 去，株洲神龙城就是我盯出来的，我会经常与艺术总监沟通，当时工程很紧张，如果稍微懈怠就会出现纰漏、最后会成为遗憾，为了不给自己和项目留下遗憾我就要去工地，盯工程太重要了。

COL: 现在您会要求您的员工们去工地么？

李建伟： 会，我现在要求设计师去工地。是谁做的设计谁就要全程跟踪到底。设计师到工地去体会自己做的设计所发现的问题与工程人员发现的问题的性质是不一样的，有时候有些东西图纸没办法表达就需要设计师到现场去说明。

COL: 自从 EDSA 和东方园林合作以后，您觉得与以前相比有哪些好处呢？

李建伟： 以前希望设计师们能够到现场去但是这样的机会比较少。跟东方园林

Design is Everywhere

合作以后设计师就可以从头至尾地把项目盯下来。以前的东方园林以艺术总监为主。现在我们不光有艺术总监我们还要设计师去工地把更多的技术和设计理念贯彻到实际的操作中去。

COL: 那现在见到效果了吗？

李建伟: 有一些效果，比如神龙城的工程设计师就已经与艺术总监开始合作了。我经常会看到设计师很积极地去工地认真盯项目，我想这应该是一个好的起点吧，当然还不能说所有的项目都能够达到这个标准，但是我相信会越来越好。

COL: 觉得在整个施工过程中有没有一些不可控的地方？

李建伟: 会有，比如说雨季做地形，在工期很紧的状况下做出地形，与此同时苗木已经到位，就只能在现场临时控制高度、土方量、坡度。特别是在抢工的状态下没有办法暂停，神龙城的工程就遇到这种状况，土坡还没有起来，还没有做表面测定是不是达到这个坡度的要求，树就已经到位了，只能栽下去，不栽树就会死。这种情况是不好控制的，这就要求我们要很严格的计算好工期、时间、材料等各个方面，这些问题要靠施工队去掌控，工程管理遇到问题要及时与设计师沟通，设计师会起到安排协调的作用。

COL: 您认为目前国内适合发展设计施工一体化么？设计施工一体化有什么样的好处？

李建伟: 设计施工一体化的发展要看整体行业的发展状况，我认为在中国风景园林行业已经特别成熟的情况下设计与施工分开会更好，因为设计有设计的责任要严格把控，施工有施工的责任要遵循法律规定。但是在当前的状态下设计与施工的关系还很难协调。设计施工一体化的好处就是在设计上出现的小瑕疵可以通过施工来弥补，比如工期紧张设计没有完成的情况下可以在施工过程中去完善，如果施工临时出现针对性问题设计师可以随时进行再设计，设计与施工一体会很灵活。

COL: 中国的甲方基本分为政府和开发商这两类，您觉得他们对待设计与施工有什么区别呢？

李建伟: 差别不大，针对开发商项目举个例子，南太湖旅游度假区，这里的项目既有市政甲方也有开发商甲方。市政对项目的要求会比较高、比较精细，要看是什么项目、什么场地和规模。开发商在资金方面不会拖泥带水，针对工程质量来说市政与开发商没什么太大的区别，大家都想把事情做好，必须都做得很到位。

1/2株洲神农城夜景大型音乐旱喷表演

景观改变人们的生活

COL: 您认为当下中国地产景观处于什么样的状态？

李建伟： 中国地产景观总是把景观作为商品。当然用景观来赢取利润也无可非议，它确实可以让买主觉得这个地方很漂亮，但是景观真正目的是为人们创造一个舒适、实用的生活环境，要考虑使用者在这个环境里的感受、要切合当地的气候、要在不破坏原有的生态环境的前提下使这个地方更加美观。但是这些往往被金钱腐蚀了反而表面的样子变得更重要。

COL: 您在做地产景观给开发商提建议时他们会很容易接受吗？

李建伟： 他们会接受，我会想方设法说服开发商做更实际、能为居民带来更多利益的项目，而不是只做表面文章，卖完房子走人。

COL: 您认为做更实际的项目与它的卖相冲突吗？

李建伟： 会有一点冲突，这是人们价值观的问题，我有个理念是花更少的钱做更好的事。

COL: 这个理念从哪些方面体现？

李建伟： 很多方面都能体现出来，比如材料的使用，大家都觉得用大理石很好但是并不是用在所有地方都好，比如植物的选用，大树也不是用在所有地方都好，大树的种植也需要考虑很多

因素。现在的开发商会花费很多资金去堆砌景观。他们不会考虑艺术美感，不会考虑景观设施的设置位置，也不会考虑保留原有的生态元素。他们甚至会从乡村运来一些植物。现在越来越多的人重视乡村、喜爱乡村因为那里远离喧嚣亲近自然，现在乡野环境对人们越来越重要，但是现在的开发商把乡村的自然环境也破坏了，就等于把人们的最后一个可以休息放松的自然环境破坏了。这跟人的价值取向和对保护生态的意识有关，我们应该尽早意识到这种做法是不对的。

COL: 您会以怎样的方式去提醒他们？

李建伟： 我比较直接，语言会有些犀利，我会很直白地告诉他们这样是不对的。

COL： 那他们会不会觉得您不好相处？

李建伟： 不会，我们相处的都非常融洽，跟交朋友一样，欺骗别人、一味奉承别人、不顾及真理是不对的。一定要把真理放在重要位置，我们的关系很好但是该直截了当的时候就一定要直截了当，含糊不得。

COL： 与国外相比国内的风景园林行业属于粗放式的，针对这种粗放的形式您会采取哪些改进措施？

李建伟： 打个比方，我要求设计师所有的毛饰墙和砖墙都不贴表面，因为里面的结构本身就是柔性的、不稳定的，贴表面比较容易掉，素混凝土的效果会相对好些，我在上大学的时候，学校的图书馆分为地上地下两个部分全是素混凝土做的，很漂亮。在粗放的施工条件下就要用粗放方法实现它，如果用很精细的手法去表现粗放风格的项目反而会破坏它的味道。我们常常嘲笑农民盖房子都喜欢贴上瓷砖，搞的跟厕所一样，而我们自己也是到处贴大理石、花岗岩，搞的跟暴发户一样，我不喜欢那些外表很精细、雕饰很繁琐的东西，我更喜欢简单、实用、耐久的东西。每到一个项目地，我会收集一些乡野气息浓厚的小品，看起来很旧很不值钱但都是当地的特色，也许其中某一件能给我设计灵感。它们最能够表达当地的生活和文化，那是一种朴素的美，我认为艺术并不都是靠装饰体现出来的，那样反而脱离生活。

COL： 您认为对于中国来说，什么时候能够实现景观设计师来主导整个项目？

李建伟： 我们还有很远的路要走，还有很多的问题需要解决，但是社会在发展，景观行业也在逐渐壮大，我坚信在不久的将来景观设计师会迈向主导地位。

COL： 您会一直保持对风景园林事业的热情与激情吗？

李建伟： 当然，我热爱我的事业，虽然有时会遇到挫折，但是我会很快调整好自己继续全身心投入到项目中。

1/2/3/4 博鳌千舟湾

袁超：让创意不变味走调
将艺术进行到底

袁超

北京东方园林股份有限公司景观设
计集团副总裁，工程艺术中心首席
艺术总监，从事园林生态景观绿化
工作二十余年；担任总承包负责人
的重大项目有上海延中绿地、世博
公园、世博后滩公园等三十余个，
荣获建设部劳动模范、上海建设功
臣等多项荣誉称号。

++++++++++++++++++++++++++++++++++++++

Yuan Chao ❯
Keep the Creativity in
the Tune, and Make
the Art to the End

+++++++++++++++++++++++++++++++++

COL：据说你们有一个叫艺术总监的岗职，这在业内是一个独特的做法，能否谈谈这种做法的初衷是什么？

袁超：艺术总监岗职机制的设计，基于我们如下的两点思考：

第一，是我们对园林行业及景观产品的特征性认知：园林景观为形态丰富，功能多样的空间实用艺术，比之于小说、绘画等纯艺术，更需要有各流程、各专业的设计师与工程艺匠通力协作，才可能完美谐配，塑造景观艺术精品。同样地，对于园林景观这样由工程技艺合成的艺术品，无论是设计师、工程师、或能工巧匠，其艺术秉赋与专业知识、技能、经验的复合度，在业内也往往被期待有更为全面综合的素质诉求。

第二，是我们对景观园林产业链现状及面临的行业局势的解读：

我们这个行业随着中国城市化、工业化的飞速推进，巨额的产业投入要在短期内被释放出来，从政府、业主到园林企业都可以说是准备不足，仓促应战。在市场机制尚在完善优化、行业规范有待规范健全、企业内功修炼尚不到位、产业链配套尚需成熟完备的情势下，园林企业甚至要在意图不明确、状态不明朗、条件不成熟的情况下，面对许多不合理的设计施工周期、不完备的场地条件和过程多变的业主诉求等，把园林景观工程产品按时做完、做好，所有的压力点其实都聚焦成一个问题，那就是——时间效率。这种行业局面短期内尚不能明显改观，要能有效应对，就只能改变我们自己，这就意味着，要在企业内、外部各工作流程及流程转接时间都被过分挤压的状态下，以大量深入细致的协调沟通，并且是有专业高度和深度的高质量的频密协调，来化解时效压力，推进工作进程、确保成果质量。要做到这样，就必须强化人力资源投放的力度和质量。

综合上述两点思考，我们期望有优质的人才制高点，有针对性地加大人力资源投放力度，来有效应对景观工程产品特征和园林行业局势。增设艺术总监岗职，就是这一想法的具体做法，我们也确实收到了良好的成效。

COL：什么样的人适合担任艺术总监，他们常态的工作内容和方法是怎样的？

袁超：先打个比方：或许一个优秀的曲作者可以被称为音乐艺术家，但即使是演绎他自身的作品，相信也一定会有更棒的（演奏或演唱）表演艺术家比他来得更适合更擅长作品的还原表达。以此道理，我们广纳业内顶尖的高手，特别是有景观工程现场实操能力的园林艺术家、有相当专业深度的各类艺匠大师，组成专业支持类艺术总监团队，来演绎甚或升华设计创意，去现场诠释和解析

设计师：我想把这条水溪做得欢快一些。

艺术总监：溪石置景时安排跌落，让迎水石唱出歌来。

工程师：业主说煤气厂遗址公园废弃的耐火砖扔了可惜，看能否利用？

艺术总监：我们在景观上善加利用，使废弃物循环再生，又让场地历史文脉得以延续。

甲方：这个公园的景点太陈旧，可否优化？

艺术总监：以"枯木逢春"为意境，用观赏草花境激活它。

1/2 淄博植物园调整前
3/4 淄博植物园调整后
5/6 绿地公园景观调整前后

市长：外面的树耳有如坟包，我们这么重要的公园能否改观？

艺术总监：大树穴坑水气循环构造优化的课题我们已实验成功，草坪铺至新栽树根，景观品质立现效果。

达成景观目标的方法。

例如，当设计师想要用树木投射斑驳的光影来映衬草坡柔美的身形曲线时，我们委派的艺术总监，可能是开着造型机进行大地雕刻的地形造型师；当设计师想拟真山涧小溪"唱出欢快的歌来"时，我们的艺术总监，又可能是正琢磨承瀑潭跌水落差与迎水石关系的景石师……

此外，我们还专注于吸收业内在艺术秉赋、专业知识、工程经验、沟通表达能力各方面具一定复合度的高端人才，组成跟踪各项目全程的专案艺术总监团队，来协调业主、设计、施工各方的诉求和配合，提升工作质量和成效。此类艺术总监的工作对象和内容范围较为宽泛，但主要的工作是设计执行力的现场贯彻，让交底及设计指导从时段性的工作变成伴随工程进展全程的服务。

我们可以用一些图片简要描述现场专案艺术总监繁杂却别具价值的常态性工作。

COL：您怎么看待艺术总监的艺术水平和实操能力之间的关系？

袁超：先打个比方：当超凡脱俗的乐感天赋与精湛美妙的琴艺指法相叠加时，才可能造就伟大的帕格尼尼。

在我看来，您说的上述两者之间即使不能划等号，至少也呈正相关。特别在景观园林行业，艺术作品实现过程本身的技能运用，就孕含着制作者自身艺术价值的转移，其过程当然也展现出相应的艺术水准。因此，我所理解，一个艺术家的艺术造诣，即是他展现艺术才华的能力水平。

7/8/9 沈阳南北轴

> **Yuan Chao**
> **Keep the Creativity in the Tune, and Make the Art to the End**

当然，对艺术的敏锐和感悟力，无须避讳天资潜质自有差异，而实操能力则更多地来源于执着历炼的实践经验，我想说的是，对于园林景观艺术品的塑造者，两者的均衡培育尤显重要。让感性的设计创意思维和艺术领悟与理性的材料工艺技术解析能力相嫁接，是我们创造景观艺术品不可或缺的两个方面。譬如说杭州花港观鱼景点的设计意境，取自于乾隆诗作中的"花家山下流花港，花著鱼身鱼喂花"，假若施工图设计在演绎方案方面缺失了理性缜密的解析和材料工艺技术路径上针对性强的方法，将可以体现方案意境的桃花、海棠、丁香类等着花量大，可下花瓣雨的种类，粗疏设计成玉兰、牡丹，同样是水边植花，自是不会出设计意境所需的景观效果的。

如果艺术总监能检视出各流程转接过程中类似上述有损创意思想或变味走调的缺陷，并加以及时修正的话，那我们的艺术品质保障与提升机制，艺术总监岗位职能的价值就变得意义非凡，因为要知道，就目前的行业现状，如此小缺陷比比皆是；而由此带来的艺术效果和景观品质的损伤却是巨大的。

1/2/3/4/5/6 大同文瀛湖
7 张北风电基地
8 晋中萧河公园
9 淄博植物园

彭世伟：打造设计方与施工方的 **战略合作伙伴关系**

彭世伟

毕业于华南农业大学园艺专业，2004年创办道勤创景规划设计院，现任北京道勤创景规划设计院总经理。

Peng Shiwei ➤ **Build a Strategic and Cooperative Partnership between the Designer and the Constructer**

COL: 您怎么看待好的景观效果？

彭世伟：好的景观效果，首先要有好的空间感觉。除了空间感觉，我认为，软景景观体现的是景观效果，硬质景观体现的是细节品质。

COL: 在您看来，设计与施工之间存在哪些问题呢？

彭世伟：作为设计方，通常有两个目标。第一，希望设计的作品能够被完整地表现出来；第二，希望表现出来的作品能被认可。这两个目标看似简单，但实践起来却很难，特别是在一些重点环节的把控上。

设计与施工间的问题，表现在多个方面。更多的是造价控制问题和实施效果问题。通常造价与实施效果匹配，项目做好的可能性就较大。但有时甲方的资金和各方面的条件都比较好，而设计和施工间仍会有一些不可避免的问题，从而造成设计与施工的偏差，因此设计与施工需要更多沟通。另外还有时间问题。景观工程一般是整个工程的最后阶段，通常就剩下几个月，甚至一个月。这种情况下设计方设计图纸的完整性、施工现场配合以及施工单位的施工经验就很重要。

COL: 施工单位反馈的信息对设计师和最后的工程效果有没有益处？

彭世伟：施工单位的反馈信息对设计师和工程效果意义都大。设计师在室内完成项目设计，去现场勘查的时间通常较少。而现场条件与图纸会存在一定的差距，这就需要施工单位能根据现场实际条件和未来实施效果预期与设计师沟通。当然，如果设计方与

熟悉的合作过的施工单位合作，会更好的解决一些有意义的实际问题。我们公司前两年开始与一家景观施工企业达成战略合作关系，并相邻办公。两家共同配合，分工合作执行一些设计施工一体化项目，落地效果很好。我公司强调方案设计师控制景观外表这层皮的效果，施工图设计师强调的是实现外表这层皮所需要的途径和方法。施工单位对这两项工作都会相关。

COL: 您对"设计施工一体化"怎么了看？

彭世伟： 我认为"设计施工一体化"是一个还需要深入研究和探讨的课题。目前园林景观行业发展很快，相关设计规范和工程验收规范不完整。相对比较来说，室内装饰行业，设计与施工一体化做的比较成熟。政府主管部门审批室内装饰资质时，都是设计施工一体化资质。所以我觉得园林景观的设计施工一体化应当是未来的主力方向。当然，园林景观行业有自身的行业特点。比如绿化种植设计施工是设计与施工单位存在矛盾较多的地方。施工水平高的施工单位经常会根据自己苗圃资源情况，以及实施效果情况，对设计方的绿化种植设计及地形进行调整。这里面就涉及资源的问题。如果设计施工一体化，就可以根据自身的资源，在控制实施效果的前提下，更好的把项目做好。

COL: 施工单位结合设计方的施工图施工，是否在施工阶段出现过施工图不能用，或图纸非常有可行性、做出来效果也会很好，但工人的技术

却达不到的情况？

彭世伟： 从目前行业现状来说，应当会存在这些情况。为了减少这些情况的出现，主要还是需要设计方与施工方的更多沟通。从设计方来说，需要不断提升我们自身的技术，多在施工现场学习，使设计与施工实现零距离的接触，避免闭门造车。

我们自己在这方面的有利条件就是刚刚提到的相邻施工单位，他们有自己的材料库、石材厂和苗圃，我们可以随时去考察和学习。也经常让设计师在施工现场学习，了解施工过程，关注施工难点、质量控制点以及材料的运用。平时安排的外地项目考察，也不全安排竣工项目的项目考察，也会穿插一些好的施工过程中的项目考察。从施工现场中更深一步了解实际的技术和材料，最终实现更高水平的设计创作。

COL: 设计时，是否需要根据整体环境，或所对接开发商的具体情况来调整自己的方案？

彭世伟： 在这方面，需要在设计前对项目现场环境做详细调查，并根据甲方成本控制提出可行性的方案。不要片面追求太复杂的设计，太复杂的设计反而是一种负担，做出来的效果也不一定理想。景观创造的空间是供人放松、享受环境的空间。要创造些轻松的设计，不要追求诸如铺装太多的复杂造型等，否则设计方画图也累，施工方工人施工也累。我们也在

建立一套成本控制与设计效果把控的设计体系。

COL: 在您看来，对于新工艺或新材料的使用，施工单位是否比较反对？

彭世伟： 新工艺或新材料的使用实际是直接关系到造价及实施效果，如果甲方对实施效果有把握，或接受新工艺或新材料的预算，那么就可以顺利实施。但前提是这种新工艺或新材料必须是适合整个方案的。任何新材料的使用都是有一定风险的，园林行业目前对新工艺或新材料的使用率总体来说不高。因此研发并实施一些可用的新材料，要综合多方面因素，才能更好的实现创新和推广。

COL: 项目实施出来并不如理想中的效果时，您会采取什么措施？

彭世伟： 首先不管结果好坏，我们都会去总结。其次还是尽量在设计阶段、施工阶段多与业主沟通，在成本控制与效果把控上达到更好的平衡。

COL: 您认为在设计方与施工方的合作中，谁应该占主导地位？

彭世伟： 我认为设计方和施工方应该属于合作伙伴的关系，而不是一定要强调谁占主导。事实上两方也并没有想象中那么复杂，双方的目标都一致，都希望把项目做好，为业主服务，为业主创造更多价值。

COL: 您认为设计师们有没有必要参加一些有针对性的施工相关的培训？

彭世伟： 有。我们有专门针对做事方法方面的培训，比如注重逻辑性和可操作性的培训，因为这些都与项目的落地实施紧密相关。同时要想追求设计的创意，追求把设计的效果完美表现出来，就要考虑需要从哪些途径去实现。而且这个途径，需要去现场亲身体验考察，要站在施工的角度，去考虑创造我们的设计作品。包括考虑造价、材料和技术，还要考虑甲方所提供的条件，而且更需要考虑使用者的感受，还要不断提高自己的文化涵养等等。

COL: 就工程管理方面，您所接触的工程项目经理，与设计师之间的沟通情况如何？

彭世伟： 双方沟通的情况还是比较多。我们的技术管理分前期和后期，方案阶段有负责人，施工阶段也有负责人。设计与施工双方都是站在把项目做好的角度提出来的。如果说两者之间有冲突，这就是行业的问题了。实际上，这个行业里的各个角色都需要提高，开发商、设计师、施工单位、管理模式、行业标准等等都需要更完善，才能够促进行业发展。

Peng Shiwei
Build a Strategic and Cooperative Partnership between the Designer and the Constructer

叶定良：完美的施工成就景观的灵魂

++

Ye Dingliang >
An Excellent Construction forces the Landscape's Soul

叶定良

毕业于江西农业大学园林专业，曾任宁冈县林业科学研究所所长、东莞市创景园艺绿化有限公司技术负责人、西安市第一建筑工程有限公司园林高级工程师，现任深圳文科园林股份有限公司总工程师。

++

沟通决定成败

COL: 您作为施工方会经常与设计师沟通吗？

叶定良：施工方与设计师沟通是使项目能够顺利完成的必经之路。勤于与设计师沟通是非常有必要的，主要体现在施工工艺技术的应用、对景观最终效果的探讨、软硬景以及配置的实施等方面。

COL: 您觉得这样的沟通，给项目带来怎样的益处？

叶定良：沟通对项目的最终效果影响很大，如果在施工前业主与设计师、施工方三方沟通得好，施工起来会比较顺利，在一些效果和设计工艺、新技术、新材料、新设备的应用等方面都会有很好的体现。

COL: 您有没有遇到过比较难沟通的情况？

叶定良：遇到过，一般在项目整体效果的问题上与甲方沟通有难度，另外对于新技术、新工艺、新材料的应用，由于甲方没有了解、接触或使用过，推广起来会比较难。

冲破限制造就精致景观

COL: 您遇到过特别难实施的方案吗？遇到这种方案您是怎样处理的？

叶定良：一般情况下，在施工以前我们会审核好方案，问题主要发生在工程设计环节。设计要根据地形、地貌，举个例子，在做一个大型别墅景观时，有水景、假山、喷泉等高差5米，其水循环长度60米，因为当时设计师在不确定喷水池的大小时，未计算好水循环的容积率，最底层水池的水还没有循环到位的时候水池就干涸了，只能在现场对它进行改造。类似这样的问题会经常遇到，一般情况下设计方案在评审时通过了，那么施工阶段就不会出现太大的问题。

COL：目前的景观施工现状是甲方要求在有限的时间内完成景观项目，工程量比较大，您觉得这会对景观的实现有哪些影响？

叶定良：工期的限制使很多已建成的景观看起来缺少灵感、不够注重细节，然而好的景观项目离不开细节的打造，那么我们就需要充足的时间，但是在施工过程中为了赶工期根本就没有时间花在精心打造细节效果上，完成的项目很难尽善尽美。与此同时设计与施工之间的配合也存在很多问题，我认为以设计施工一体化的形式做景观项目就比较容易沟通。设计师想要表现自己的设计理念，施工方会有不配合的情况，特别是在植物种植环节，如种植的位置、方向等，施工方不会考虑太全面才进行施工，最后达不到设计师对植物配置的构思和效果，这跟施工方的职业素质和责任心有关。还有成本问题，这是业主和施工单位都要考虑的问题，业主要求用最少的钱办最好的事，在成本上往往各持己见，业主要求我们加强、深化景观看点，但他们不会把太多精力放在施工上，而施工方被工期和资金问题所约束，往往没有太多精力倾注于景观的细节。在我们承接的一个天津项目中包括会所、酒店、会议中心、运动中心，当时我们看了这个项目的图纸之后，认为若按设计方案施工，最后不仅没有好的效果还会浪费很多时间，但他们依然坚持自己的观点，我们只有按图纸做，做到尾声时，甲方来看其效果，就如同我们当初所述，没有亮点、平淡无奇。从职业道德出发，我们要尽量去说服甲方，如果甲方坚持己见，那么不仅浪费了前期所投入资金还要重新做设计。所以设计单位的角色非常重要，与业主的沟通也非常重要，我们首先要保证安全、质量、工期，而业主注重的是工期、质量、安全，他们把工期摆在第一位，我们把安全和质量放在第一位。

另外交叉施工也会存在一些问题，交叉施工会直接影响园林景观的最终效果，设计方案需要靠施工来实现，要靠他们丰富的经验来提高景观的效果。但是交叉施工就不会考虑得那么周全。

在植物配置与苗木的反季节种植方面也有一些困扰，景观中最重要的角色之一就是绿色配置，但是苗木在短期时间里是达不到最终的效果的，它有个成长阶段、缓苗期阶段，所以针对植物配置，我们一直没有一个保险的方案和方法能够使苗木反季节种植。南方有南方的

种植季节，北方有北方的种植季节。南方目前基本达到一年四季都可以种植，但它是假植苗。而北方最好的苗就是圃地苗，下山苗。我们在远洋地产项目中种了将近 120 万元的苗木，种下去前几天苗木的叶子还是绿的，但是过了几天以后，叶子就慢慢的掉了，这是返苗期，但是甲方不允许这样，他们要求要有卖相，要求这些苗必须全部换掉，必须保证这些植物是绿色的，我们就要把几十万的苗换掉，形成了恶性循环，我认为这种现象产生的原因是植物与季节不符，植物的苗起码要在苗圃里，种之前要先断根，断根以后再移到施工现场，才能避免反苗期严重的情况，跟甲方交涉以后，我们先不种大树，先对两米五以下高度的灌木入手，先让灌木达到业主要求的效果，因为在北方两米五以下的灌木还是能够保持这些颜色和树冠完整的，而大树要等到半个月以后再移栽，植物配置讲究的是高低远近的层次感、颜色的搭配、树形的搭配，首先要把预期效果的大框架做出来，这个问题是很难协调的，与业主沟通也比较困难。

COL：您认为这与甲方对这方面的认识有关系吗？

叶定良：有的甲方对植物配置的了解并不深，所以才会出现一些违反常识的问题，要提升业主对景观知识的了解和重视程度，才能促进项目更好的进行。一个好的项目需要设计、施工、业主多方的协调和重视，以及了解它的技术性。

设计师需要走进工地学习

COL：您认为年轻的设计师由于他们的实践经验相对较少会不会有些不符合实际呢？

叶定良：这是个很重要的问题，我们公司设计院 200 多人，大部分都是年轻设计师，他们在施工现场的经验较少，所以我们要求每一位设计师从基础做起，也就是要到现场去了解现场环境和施工，要明白怎样能使你设计理念能够很好的体现出来，使作品很好的展示在人们面前，并且要从中发现自己的不足，下次要怎么改进。在我们近期承接的两个项目中，公司派了两个设计师，他们的大部分精力会花在工地上，相当于设计、施工一体化人员，这样要比坐在办公室里效率提高几倍。常常会有设计师畏惧施工的情况，因为他们设计的图纸拿到有经验的施工员面前，图纸中的很多问题会被施工人员发现，并且一看就知道做出来的效果会是怎样。设计师需要走进工地去学习。

COL: 目前景观施工技术方面没有很明显的突破，包括材料，比如石材、木材、苗木等方面，您觉得原因在哪？

叶定良：我们对于新技术、新材料、新工艺研究的比较少，我认为其原因是人们对园林景观行业的重要性和发展趋势的认识程度不够，针对植物种植如果我们加入新工艺克服它的反季节现象，提高存活率，缩短它的复绿时间，我相信会使景观的整体效果更好。

COL: 甲方会不会不信任这些新的事物？

叶定良：是的，他们会很难信任这些新事物，我们如果研发一个新技术或新的方法向甲方推广，他们会认为原来的好，要按照自己原本的图纸来做，用原本的材料。我在做一个项目的设计时提出停车场不采用水泥，用草坪来代替，这种新的想法是很好的，可是到现在还是不能得以推广。业主对园林新工艺的应用这方面不够重视，所以设计师要勤于跟业主沟通，做好他们的思想工作，另外在施工中要总结出一些好的方法，特别是园林规划方面。目前我们并没有很详细的有关园林景观的规范性文件，景观行业还有很大的上升空间。

COL: 那怎样才能让大家意识到这一点呢？

叶定良：我们要呼吁大家重视这些问题，针对园林规范的问题我在全国园林学会上提到过，希望不仅我们行业内人士要重视这件事，国家政策很少涉及到园林景观行业，我们需要政府的重视，政府的支持是我们园林景观行业发展强有力的后盾，目前整个行业还处于模糊状态。要使人们都重视起园林景观行业、让我们能够有一个详细的规范使景观行业健康发展得更好，更需要业内人士不断提高自己的行业素质，还要从官方行径去推动这件事，这不是只靠我们这些企业就可以实现了的。

> Ye Dingliang
> An Excellent
> Construction forces
> the Landscape's Soul

孙潜：
好的**沟通**
成就好的
项目

Sun Qian ➤
Better
Communication,
Better Project

孙潜

华南农业大学园林专业学士、墨尔本大学景观规划硕士。曾任广东棕榈园林工程有限公司设计师、深圳市华森建筑设计院景观部经理、深圳市东部华侨城置业有限公司副总规划师兼工程部经理，现任深圳文科园林股份有限公司副总经理兼文科景观设计院院长。

COL: 您认为设计和施工之间的关系是怎样的？当下的景观设计是否普遍存在脱节问题？根源何在？应该如何协调？

孙潜：我认为在理想状态下，应该由设计指导施工，在施工的环节再完善一些细部设计，并且能够保证这个结果能够符合设计时的效果和品质。但是当下景观设计和施工之间的脱节问题是普遍存在的，主要原因在于现在的很多设计师大学刚毕业就直接从事设计工作，没有实际施工的经验。很多情况下，他们做出来的图纸没有足够的能力指导施工，会造成一些施工工艺方面的问题，比如材料选择不合适、植物品种选择不符合当地的地理条件、气候等，施工方看到这样的图纸，一定会直接找甲方投诉，或跟设计方发生一些矛盾，再或者干脆不按照图纸施工，久而久之，就造成了甲方和施工方对设计师的不信任。目前的行业大概就是这样的情况。

COL: 那么设计、施工一体化在当下是否可行？原因何在？

孙潜：我认为设计施工一体化有一定的优势，可以避免在施工过程中的相互推诿，能够保证最终的施工成果可以最大化体现出设计的理念和效果，但是也存在一定的潜在问题。现在很多，甲方并不希望使用设计施工一体化，主要是对这种形势存在一定的顾虑，担心设计施工存在利益上的勾结，比如在材料、工艺选择方面。我们和恒大、万达这些企业做过很多设计施工一体化的项目，根据我们的经验，这种现象是完全可以规避的。在设计过程当中，要和甲方设计、工程、采购、成本预算等部门做一个很充分的协调与沟通，之后就要了解甲方对这个项目的成本预算控制范围，这样设计师就能对选材范围进行把控，也就能够控制整个设计的内容。例如恒大会有自己的成本预算部，成本预算部对常用的这些材料的价格利润空间、投标价会非常清楚，对每一个施工环节，也会非常了解，我们设计出来的项目都在他的可供范围内。从这个角度来看就把设计施工一体化的优势发挥到最大了，这样长久发展下去对这个行业是有一定的帮助的，所以我觉得设计施工一体化可以去尝试。

COL: 那么在您看来设计施工一体化的前景是怎样的？

孙潜：国外很多企业都在尝试设计施工一体化，用一些控制性手段把大家所

担心的设计和施工结合起来，把能够产生的一些所谓猫腻性的节点控制在可控范围内，这样就能把设计施工一体化模式的优势发挥到最大化。我认为设计施工一体化只要做到适当控制，它的发展前景是不错的。

COL: 您认为施工过程中有哪些不可控的因素，针对这些因素又能够在方案中采取哪些措施来预防？

孙潜：在施工过程中不可控的因素非常多，主要有自然因素和人为因素，自然因素包括下雨、严寒、大雾，或土壤贫瘠、盐碱地等。人为因素包括甲方想要临时调整方案，有些住宅小区会有分期交楼的要求，我们就要分期施工，待施工完成以后会出现前后施工效果不统一的现象。工种交叉作业时出现的一些问题，例如埋线会直接影响到后期植物的种植。

问题的解决方法也很简单，就是设计师要有提前判断的意识，在建筑规划报建图纸完成阶段，会有一个总图的综合管网，综合管网图出来以后景观的设计师要拿着自己的景观方案跟相关负责人进行对照，把两张图纸放在一起就能明显知道它的综合管网的埋线位置。如果埋线集中在某一个区域对整体效果影响较大，景观设计师就应该马上与建筑沟通，与总图专业人员进行对接，让他们根据我们设计的景观方案去做一些适当的调整。

COL: 在一个项目中是不是应该由景观设计师来掌控全局呢？

孙潜：我认为目前的景观行业的处境有些尴尬。在这个行业里，多数情况下还是会以建筑作为指导，在需要协调的情况下，我们景观设计师通常做不了主导的地位，只是提出一些建议，不过这种建议只要是合情合理的，多数情况下甲方是愿意接受的。实际工作中会有一个以协调为目的的三方会议，会议中甲方的作用非常关键，一个很好的甲方会作为一个居中协调者，能够解决很多的问题。

像我刚刚举的这个例子一样，我们如果作为景观的设计方与建筑设计方去直接沟通协调的时候，多数情况下他会很不情愿。因为每一个专业都有自己专业的图纸设计规范。他按照规范进行就已经完全满足要求了，不想再增加调整方案的工作量。而对景观来说，这虽然不是强制性的一些规

Better Communication, Better Project

范和要求，但是对日后、对甲方的楼盘实施出来的效果可能会产生比较大的影响，我们只能将这种情况提给甲方，然后由甲方出面协调。

COL: 您做方案的施工过程中，是否曾经去施工现场和施工人员进行交流？对当下施工水平和施工整体状况有什么看法？

孙潜：通常我们会集中在大面积施工开始阶段去现场进行回访。之所以这么做，主要是现场条件时刻处在变化当中，很多时候可能会由于其他工种在现场的变更导致我们后期景观施工的变化。举个简单的例子，假如一个山地别墅项目，道路单位在施工中发现坡度不对，现场就进行了调整。如果经调整后的新坡度和标高没有及时通知相关工种的设计单位，就可能造成图纸不能指导施工，所以我们在施工过程中的重要节点都会去到现场了解施工过程中是否发生条件变化，以保证最终的实施效果与设计相符。

针对当下施工水平和施工整体状况，主要的问题是整个行业的施工水平还有待提高。南方工人的手艺会比北方工人要稍微细腻一些，有一些施工队伍长期和业内比较知名房地产商合作，他们要比那些打游击战的队伍的能力要强一些，与一些全国业务覆盖面做得比较广的企业合作的队伍，会比只做某一个区域或某一个城市的队伍的经验要丰富。不过与十年前这个行业相比，现在大部分施工企业的施工技术人员的整体素质已经有了很大的提高。但是在

很多小单位里，还是经常能遇到施工技术人员资质不够，或者由于缺乏专业技能培训看不懂图纸的情况。有些老道的施工人员在看不懂图或图纸不合理的情况下会无视图纸，完全凭经验去做，他不能领会设计师的设计理念很容易会造成脱离图纸施工，设计施工脱节。这种问题发生以后，双方就会互相推诿，最后需要甲方站出来协调，久而久之，这个行业的诚信度就会受到很大的威胁。所以我觉得施工企业应该对项目经理和施工技术指导人员进行一些资质、专业技术方面的培训，要有行业素养，整个行业才会发展得更好。

COL: 在设计方与施工方的交流方面会不会有磨擦？

孙潜：这种情况发生在双方经验不平等的情况下。如果是一个经验不足的设计师或是刚刚毕业的大学生，他去现场就有可能就会被一个很有经验的项目经理问得哑口无言，因为设计师去现场的目的就是解决问题。而更多的现象是没有现场施工经验的年轻设计师只画些图纸，去现场以后不知道怎样落实，在发生条件改变的时候不知道该怎样应对，比如我们现场有时也遇到回填土，局部不均匀沉降的情况，经验不足的设计师就容易手足无措，那就没有办法去指导施工了，所以有经验的施工人员只能按照自己的一些经验和方法去处理，至于处理得好还是不好，日后结果会是怎么样，就无从知晓，整个项目就会处在一种失控的状态下。如果两者都处在一个实力比较平均的情况下，相互交流就不会出现太大的矛盾。只要大家把心态摆正，就能够朝着共同的方向去努力。

> Sun Qian
> Better Communication,
> Better Project

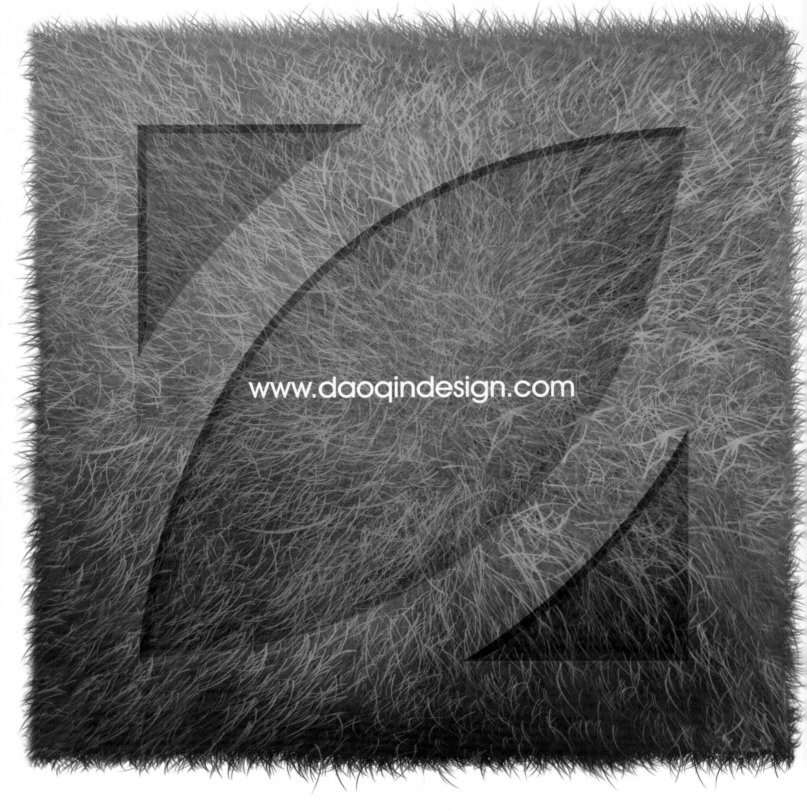

www.daoqindesign.com

北京道勤创景规划设计院

以卓越的设计创新能力，实现高品质精细化设计

景观 **规划** **旅游**
Landscape Planning Tourism

诚邀方案主创设计师/施工图项目负责人/植物搭配设计师加入。

北京道勤创景规划设计院有限公司 地址：北京市朝阳区广渠东路3号中水电国际大厦1102 电话：8610-57795139 传真：8610-57795138-801

近期作品

◇ 江　苏 ｜ 苏州石湖景区景观规划设计
◇ 江　苏 ｜ 苏州穹隆山孙武文化园景观设计
◇ 黑龙江 ｜ 大庆黑鱼湖生态园景观规划设计
◇ 江　苏 ｜ 苏州太湖大道景观规划设计
◇ 山　东 ｜ 枣庄东湖龙城景观规划设计
◇ 江　苏 ｜ 苏州科技城智慧谷景观规划设计
◇ 江　苏 ｜ 无锡万科蓝湾运河外滩景观设计

长　期　诚　聘　设　计　英　才

服务范围

市政景观 ｜ Municipal Landscape

城市滨水湿地 ｜ The Urban Waterfront Wetlands

高端住区 ｜ High-end Residential

商业开放空间 ｜ Commercial Open Space

筑园设计
LANDSPACE DESIGN

苏州筑园景观规划设计有限公司 / 风景园林设计甲级

联系我们　地址 ｜ 江苏省苏州市高新区邓尉路 9 号润捷广场 1 号楼 20F
邮编 ｜ 215000　电话 ｜ 0512-68667368　传真 ｜ 0512-68667368-800　网址 ｜ WWW.SZSKYLAND.COM

杭州八口景观设计有限公司
HANGZHOU BAKOU LANDSCAPE DESIGNING CO.,LTD.

"求中国文化精髓
　　走八口创新之路"

　　杭州八口景观设计有限公司创建于2008年，是一家集滨水景观规划设计、主题公园、城市广场、住宅、别墅、酒店、商业景观设计及室内设计、雕塑设计等业务于一体的实力型创意设计公司。公司现拥有三十多名具备无限创意的优秀设计人才，同时拥有数位高级技术人员，是一支技术精湛、道德良好的优秀设计团队。

　　目前，公司服务的项目遍布全国二十多个省、市、直辖市；同时，公司作品多次荣获设计大奖，沈阳东方·欧博城荣获"景观生态奖"、新湖·香格里拉荣获"全国人居经典"最高奖、倚天·盛世钱塘荣获"国际花园社区（中国赛区）"大奖等。

地　址：杭州滨江区白马湖创意园
　　　　陈家村146号
电　话：0571-88829201
传　真：0571-88322697
邮　箱：bkou88@126.com
网　址：www.bakoudesign.com

华润·银杏华庭　　华润·中央公园　　华润·万象城　　华润·凤凰城　　香港利嘉·北新时代　　保利山水怡城　　成都唐人街　　蜀都·花样国际广场　　遂宁湿地公园…

人造即天然，传统又另类**一荷兰**

Man-made to Natura, Traditional but Different - the Netherlands

高州锡 傅凡 刘力 谭大珂 胡由之 刘敏

纵观西方景观园林史，处于欧洲中心的荷兰从古典主义时期就占有一席之地，随着社会的发展进步，荷兰景观地位越发突出，整体设计水平始终高居欧洲前列，形成具有荷兰特色的设计风格，荷兰位于欧洲西部，国土地势低洼，全国有 1/4 的土地低于海平面，又称为低地国家（Nederland）。由于国土狭小，长期以来荷兰人不断围海筑堤，以便获得更多的土地用于耕作和居住。由于荷兰历史地理条件特殊，因此其景观也表现出与欧洲其他国家景观不同的形态特征。荷兰的景观规划与设计的重要责任之一就是解决如何从大海中获得土地的问题，这就意味着景观在荷兰不是附属品，而是贯穿于整个国家与民族并且承载重要功能的产物，于此同时，西方传统的逻辑思维与新时代不断发展的高新技术也都深深地影响了荷兰的景观设计。

荷兰风景园林在最近 20 年来受到全球的关注，尤其在景观的创造性、围海造田获得土地资源方面。近几年研究荷兰景观的文章频繁、荷兰风景园林师也被邀请去哈佛及其他世界知名学府任教，欧洲的知名杂志介绍了包括 WEST8、K&B、MVRDV 等多家荷兰景观事务所，荷兰的景观设计吸引了全世界的目光。

1 荷兰景观产生的历史背景和地理因素

荷兰位于欧洲的三角洲地带，素有"欧洲大门"之称。然而荷兰近全境为低地，1/4 的土地海拔不到 1 m，1/4 的土地低于海面，沿海有超过 1 800 km 长的海坝和岸堤。13 世纪以来共围垦约 7 100 km² 的土地，相当于全国陆地面积的 1/5。国土狭小，地势偏低，所以荷兰人采取了不同的措施来改造并维持这片土地的宜居住性。从一开始与肆虐的大海斗争，到通过填海围湖来获取土地，后天开发的土地资源使荷兰人懂得如何利用

好每一寸土地，从而形成了理性与功能性结合的处理环境问题的方法。

20 世纪后半叶，荷兰城市化迅猛发展，大片开垦出来的珍贵土地用于建设住房、休闲娱乐场所、生态区和工业区。这个时期，风景园林在荷兰的乡村景观设计和城市规划中扮演了越来越重要的角色，并且脱离园艺发展成为一门独立的专业和一个成熟的专业领域，荷兰的景观园林开始走向了更广的范围与更深的层面。

2 景观设计理念

2.1 模糊空间创造多义功能

由于荷兰土地紧张，因此不能允许特定场所只能容纳单一的功能，尽可能的创造没有被确切定义的模糊空间，使得每个基地和场所都不只有一个既定的具体意义，提高土地的利用率。随着时代的发展城市生活趋于混合性与复杂性，现代景观应为城市提供多元化的生活。让虚空空间创造不可预知性，让景观作为活跃因子改变静态的等待。虚空空间模糊功能在某种意义上就是不作意向性设计。设计的最高境界是没有设计的痕迹，设计师通过细致入微的元素在不经意间改变人们的行为活动与体验。增加场所中活动功能的最大容量。设计手法为运用高科技与各种材质创造不同界面以及多功能活动空间。

2.2 人造与自然的零界限

荷兰人填海创造了荷兰，从海水中扩张出来的领地既可以说是自然的土地也可以说是人造的土地。这在先天上就模糊了荷土的人造与自然这两种性质的界限。新时代以来，城市生活与乡村生活由原来的相互冲击与对立逐步走向融合。越来越多的荷兰绿心既成为城市中的绿肺也成为郊野风光的缩影。使人造景观与自然景观相互影响，融为一体。随着景观的不断深入，景观开始不断的改变自然，景观不仅仅是一个自然的产物，也需要许多人为的因素。在荷兰，还不如就用人工的景观来创造比自然景观更能适合人类需求的艺术。

2.3 创造可持续景观与可持续生态圈

遵循自然界生老病死规律，设计师也应考虑景观的成长与衰老。景观不是一蹴而就的，而是一个与时间陪伴的过程。荷兰人在景观建设时建立通过野生动物小道、隧道和高架桥，努力加强整个荷兰的主要生态结构，使得消失的景观能够重现。新时代的各个产业都应响应绿色生态节能生活的号召，因此景观设计也应与大的生态圈结合起来，完成可持续发展的生命周期。

2.4 对景观进行功能上的解构与重组

在艺术多元化的今天，景观艺术设计同样受到波普艺术、解构艺术、极简艺术等多种艺术流派的影响。景观的功能已经不再局限于丰富人们生活，美化城市环境等，而是被各种思想重新定义，发挥更多的作用。设计师可以把毫无联系的事物联系起来，创造出他们之间的联系，形成一种思维的反转。例如景观艺术也可以成为各种废弃地更新恢复和再利用的有效手段之一。其过程本身是理性，而结果却是理性与感性的结合。景观不仅是一个美丽事物呈现出来的结果，也可以是创造另外一个事物的途径。这是景观角色的转换，也是其价值及作用的重构。

3 荷兰景观的地域特点

荷兰设计的蓬勃发展部分归因于荷兰人在目睹了巴塞罗那戏剧性的转变以及西班牙建筑师和风景园林师在城市老工业区和港口区改造中所起的作用后，开始寻找荷兰精神。同时，这也应归因于一些先锋建筑师激励性的影响，如瑞姆·库哈斯展示他酝酿已久的"景观式建筑"和"景观式城市"新理念。这些新手法被麦卡诺、MVRDV 或 West8 等设计公司的建筑作品进一步采用。这也解释了为什么荷兰建筑方面的成功得益于景观设计手法的运用，例如麦卡诺的台夫特科技大学图书馆、MVRDV

的希沃森 VPRO 电视台。

在进入 20 世纪 90 年代后，荷兰景观设计在兼收并蓄各种外来景观设计风格的同时，又根据荷兰的地理条件加以调整，形成鲜明的地域特征。现代的荷兰将这些文化遗留的景观作为国家的重要财富，同时将建筑的理念和技术运用到景观中，同时结合有久远历史的视觉艺术形体，荷兰的景观园林呈现出折中和多元化的趋势，并且突破了历史的应用范围，成为新的设计元素，广泛活跃于各类设计领域，创作出一系列具有思想内涵的作品。

3.1 人造景观取代原始自然占主导地位

荷兰人有句自豪的谚语："上帝创造世界，荷兰人创造荷兰。"特殊的地理环境使荷兰成为一个与自然有着独特联系的国家。在荷兰造景的最初阶段，大片土地是由填海或填湖所获得，到 19 世纪末时，几乎它的每平方米的土地都经过了改造。所以，荷兰的最独特之处莫过于：未经开发的自然在荷兰历史上的这个时期就已完全消失了，人造景观占了主导地位。在荷兰，采用现代主义美学语言与手法，具有高效的多功能性，配以机器般的水景，大尺度策略规划或区域规划，是一个公共参与性和沟通性的规划过程，它关注实践而非理论，是一种轻盈安静的低调设计，而非笨拙壮观的纪念性设计。充分利用每寸土地，在高密度环境中营造高质量的生活环境成为荷兰建筑师、规划师和景观设计师们长期关注和讨论的问题，另外，风景园林师在大尺度的城市和区域设计以及基础设施设计的早期阶段就参与其中。

3.2 集体治理的"圩田模式"

17 世纪，世界上第一次资产阶级革命在荷兰获得全面胜利。荷兰成为当时欧洲最富强的国家之一，城市发展从此渗透着现代文明，理性主义精神成为荷兰现代艺术和城市建设中隐含的价值体系。荷兰相对透明的参与性统治模式和协商政治文化的社会民主，对普通人和环境的关注和国家易于管理的规模——解释了荷兰在日常城市和乡村景观上的创造品质的成功，而其他国家在这方面的成功远远达不到这种程度。

由于荷兰的很多大型水利项目涉及到所有人的利益，因此，进行每一项工程之前，都要进行大量协商与论证，在这种情况下，就形成了国际著名的"圩田模式"，体现了一种民主制度。"圩田模式"在景观设计的过程中，也成为景观设计前各方的咨询方式。在这种模式下，大多数决议都经过了最大限度的争论与商议，设计在一定程度上发挥了创造性，充分体现了荷兰式的自由、平等和宽容。

3.3 实用至上的功能主义原则

荷兰文化崇尚理性务实，一切都以解决问题为主。英国的资本主义性质和等级观念深重，法国的帝国主义气息强烈，德国的哲学氛围浓厚，而荷兰结合加尔文主义，发展了独特的汉堡文化，它重视普通人的节俭生活，避免华而不实。这样的文化底蕴结合荷兰围海筑堤获取居住空间的历史因素，形成了高度城市化的、功能性的线状景观，成为功能主义高于审美主义存在的典范。荷兰的景观是人与大海相斗争的产物，是荷兰不可或缺的城市符号。荷兰的景观园林意在用建立在实用基础上的巧妙空间与独特形态来打动人，而不在于用最高档、最豪华的风格与材料来显示高人一等，这可能也解释了当代荷兰为什么缺少大预算的"地标性"、"昂贵"、"壮观"或"纪念碑式的"建筑。在住宅、城市设计、基础设施、公共和市政建筑方面，设计的质量和建筑师的投入要胜过英美国家，这个事实展示了荷兰公共富裕和私人节俭，与高伯瑞定义的美国私人富裕和公共贫穷正相反，预算的限制当然不能成为拙劣设计的借口。

人造即**自然**，传统又另类

抵御洪水是荷兰风景园林师和工程师的决定性特征和基本责任。荷兰西部土地是潮湿的，具有流动性和渗透性，需要进行持续的监控、管理和改造。在这里，修整土地就是修整水体，景观美化便是修整和管理工作。甚至今天，Landschap（土地部）和 Waterschap（水利部）仍然是政府机构的重要部分。从这个意义上说，荷兰景观的概念是中国山水概念在西欧的对应，中国的"山水"也有土地与风景画的双重含义。

土地的缺乏导致荷兰人口的高密度，高密度的人口又影响了荷兰的城市文化以及城市设计和城市街区住宅设计。在大多数荷兰城市中，运河、澄清池、护城河等水系确定了城市的空间结构。Dam（大坝）的重要性不仅体现在众多荷兰城市的名字中，而且大坝在城市空间中的向心性使其成为码头和市场场所。19 世纪前，这些与水相关的基础设施是城市的必需品，而到了 21 世纪，它们则成为了娱乐休闲场所。景观也占据了重要的地位——不仅仅是在一个规模相对小、布满景观的人性化生态城市网络中。

© Rob't Hart

3.4 叛逆的求异设计

荷兰这个曾经的殖民国家所特有的叛逆精神也体现在荷兰景观设计上，多表现为不拘一格，标新立异的求异设计，以在芸芸众生中突出自我为目的，创造出不同于传统的特色景观。

3.5 对视觉文化的继承与发扬

尽管北欧国家在历史文脉上有许多相似处，但也各具特色。荷兰的景观设计继承了荷兰悠久的视觉文化，Eastern Scheldt StormSurge Barrier 的设计中运用了与荷兰的美术传统有密切联系的棋盘格图案。早在 17 世纪，荷兰画家维米尔（Jan Vermeer 1632 年 ～ 1675 年）和霍赫（Pieter de Hooch 1629 年 ～ 1684 年）的绘画中就有棋盘格的地面。长条形的图案反映了荷兰特有的围海造田而形成的线状景观。

3.6 全过程景观设计

荷兰景观设计行业诞生之初就不是一个独立的专业，而是与建筑规划土木工程都紧密相关。荷兰的景观设计师需负责从景观外形设计，空间设计，建构节点设计到工程管道给排水设计等所有项目，这大大加强了景观设计的连贯性与成果质量。

3.7 数据景观设计

荷兰景观是从人造景观出发的，因此各种高科技手段都在景观设计中得到充分运用。通过各种电脑技术创造出透叠、扭曲、旋转，光影等异形迷幻空间，颠覆了我们思维中传统的理水置山园林景观。比如荷兰在创造人造景观时善于运用计算机分析各种动态构成，或者运用软件来对几何形状进行分解与重构，使景观艺术理论跟随无论是波普艺术还是解构主义的各种思潮。

3.8 与多元文化相互渗透

景观设计理论的发展也是各种地域文化不断碰撞和融合的过程，荷兰景观在发展的过程中也受到了许多地域文化的影响，而荷兰这个努力向外扩张的民族，也在对外来文化的不断吸收中形成自己的特色。荷兰给人的印象是性格外向而具有开拓性的，但在细部处理等问题上荷兰人的思维是细腻而内敛的，例如在材质的运用上荷兰人则显得相当朴素而平实。为了充分体现地域性特征，荷兰都就地取材，如木材、砖、玻璃等廉价常见的材料来创造出具有强大吸引力的景观。这也是为了缓和外观上带给人们紧张感与兴奋感，在与人们近距离接触中仍然希望景观给人营造出亲切宜人的气氛，再比如荷兰景观向来注重可持续发展以及与生态的和谐统一。

4 近年来荷兰在风景园林领域取得成功的原因

荷兰政府将大部分的财政预算用于教育、文化、科学和艺术方面，2008 年文化和教育部的预算约占了全部政府预算的 16%，这其中有相当大的津贴用于设计、设计竞赛与交流，以及大量推广荷兰建筑的高雅出版物。与其他国家相比，荷兰的独特还在于它的住房、环境和基础设施部设有"政府风景园林师"的职位。另外，荷兰有着久远的视觉文化传统，德国以音乐闻名，英国以文学著称，荷兰则以绘画享誉世界，伦勃朗、鲁本斯、梵高、蒙德里安等都是荷兰家喻户晓的名字。史基浦机场的图画和标识是各国机场所见中最好的，同样的，还有高速公路上的标识或是高速公路沿途的景观和建筑。很多荷兰人看起来吃穿都很朴素，但是透过通常没有窗帘的窗户，可以看到很多荷兰家庭的室内摆放着得体的当代家具和设备，墙上也挂着绘画原作和图书。与其他国家不同，挂在政府和公共建筑中的国家元首——荷兰女王的画像很少是照片，而是当代艺术作品。这当然更加体现国家对艺术的支持和推广。尽管荷兰的税收缴纳比例很高，上限为 52% 的收入税和 19% 的价值附加税。但是公共空间和设施在这个国家的大多数城市都修建得很好，维护得当。运河和公园的水很干净，很少有城市与乡村、大城市与小城市之间在生活上的显著差异。

荷兰设计行业也尊重年轻一代。有经验的工程师能够将不寻常的想象力转化为可实施的建筑，支持鼓励青年设计师的大胆创意。荷兰也花费时间与利益相关者及专业人员来检验设计构思。主要的市政项目，如老工业区和港口区复兴、鹿特丹的南岛港口区、阿姆斯特丹东港、马斯特里赫特老工业区复兴，以及新社区建设，如莱德希莱因都不是仓促完成，而是经过多年的规划与实践，经由总体规划、结构规划、城市设计导则的制定以及公开透明地邀请不同建筑师共同完成的。尽管政府有换届改变，但高素质的专业人员和公务员确保了项目的延续性和经验的积累。

专业机构和私人基金会经常进行有关建筑、景观和城市设计的讨论，有各类小基金会所资助的不同设计主题的公众辩论。荷兰建筑研究院的书店也精心挑选近期图书和出版物，那里可以实现与纽约城市设计中心的相媲美。确实，荷兰整个国家是新老建筑景观的优良图书馆和最好实验室。在很多小城市的旅行，时常能意外发现高品质的景观设计。

荷兰文化跟其他很多欧洲国家一样，是一种城市的文化，在这里，只要半个小时就可到达另一个城市。尽管这种城市文化繁衍了建筑文化，但荷兰农业和园艺的历史重要性、古老的围海造地传统以及 20 世纪七八十年代的乡村土地合理化共同产生了丰富的大尺度乡村景观实例。因此，土地在用于工业化农业发展的同时，伴随着人们对文化记忆的关注和对生态、生物多样性及风景质量的担忧，再加上荷兰的每平米土地都经过细致绘图和归档，以使历史和记忆呈现在当代设计和乡村景观，这可以被称为"生态现代性和生态民主设计"。

所有荷兰的历史挑战——水资源使用和洪水控制、高密度的城市居住、改变过去殖民主义的消极国家形象、保护富饶的土地和成熟的社会福利民主政治体系以及与不同族裔的人共同生活——今天都成为世界其他国家的挑战，特别是在河流三角洲和沿海地区。随着气候变化和海平面上升，荷兰卓越的湿地设计、工程和土地挖掘技术传输向巴拿马、新奥尔良、迪拜等其他国家。在民主政体和环境时代，荷兰大尺度的土地修整、保护、修理和重建领域方面都远胜其他国家。现在，人们对于景观作为解决当代设计问题的思路与方法的关注逐渐增加，特别在"设计和规划的景观手法"方面以及近来景观城市主义的话题上，使得荷兰的经验和实践更加频繁被引用，荷兰的景观设计引起世界范围的瞩目。

荷兰设计的传统——超现代——不可避免地导致"建筑化形式"、"图标式结构"和"设计的建筑化手法"的兴盛，因为它注重视觉效果，具有

形式化、抽象和简约的特征。在这里，含义、感觉和文化记忆经常被压抑，生态设计经常不公正地被作为浪漫主义设计而边缘化。荷兰建筑师或现代主义者有必要对自然界进行控制并为其确立秩序，他们需要将自然看作工具和资源，而不是方法和来源，他们使荷兰文化传统成为西方文化和现代文化精髓。

荷兰景观的本质不在于奇特，而在于普通；不在于封闭而在于可达性，不在于风景而在于人类的参与；不在于它们的外观，而在于它们的功用；不在于自我表达，而在于团体参与。这就是普通景观，不是高预算的奇观，它是人民受尊重、景观受重视的民主社会环境质量的度量标准。

5 借鉴荷兰景观的设计思维，完善中国的景观设计系统

现代荷兰景观具有一种人造与自然共生的磁力与张力，由起初的一个吸引跳跃性因素的磁器，发展到一个容纳多种元素的容器，再成为一个影响周围环境的辐射器。荷兰景观作为世界景观的一部分，有其独特的魅力。由于荷兰的地域限制，设计师不断利用新技术、新途径更有效并可持续地利用空间，创造人类与自然共生的舞台。随着工业社会的脚步，快速城市化和大规模旧城改造运动已经从西方过渡到东方，潜移默化地影响着中国的园林景观设计。面临中国城市正在一步步丧失城市特色与文脉精神的现状，打造城市品牌、彰显城市色彩已成为亟待解决的问题。

人多地少、高度城市化以及海河威胁时刻存在，这些独特的历史背景推动了景观在荷兰的综合性发展，带来了风景园林的新视野和设计方法论。目前，人多地少以及重构和谐水地关系的问题与矛盾在中国乃至世界都越来越成为可持续发展的巨大挑战，全球变暖以及海平面上升更加剧了矛盾冲突。荷兰的景观园林建设为我们提供了现实主义的解决方案，也为快速发展并致力于构建和谐社会的中国风景园林行业带来了新启示。

荷兰方式不是一个全球适用的完美模式，尽管荷兰的风景园林涌现了一系列令人羡慕的优秀作品，但我们在借鉴的过程中要牢记：在景观改造和发展的过程中，要尊重历史根源和人文内涵，借鉴荷兰优秀的景观园林文脉精神，联系中国国情和历史，来适应新形势。

人造即**自然**，传统又另类

本期荷兰景观旨在展示"荷兰景观设计使人与环境和谐共存",以及项目 REM 岛展示了"景观建筑化"、项目 VPRO 公共广播公司广播电视中心展示了"建筑景观化",和顺德中心城区城市设计项目展示了"荷兰的设计影响着世界"的特征。

A8ernA

项目：荷兰赞斯塔德市 Koog aan de Zaan 小镇
客户：Gemeente Zaanstad
面积：公共空间 22 500 m²；购物区 1 500 m²
预算：2 100 000 欧元
建筑师：NL Architects, Pieter Bannenberg, Walter van Dijk, Kamiel Klaasse
项目负责人：Sören Grünert
项目团队：Erik Moederscheim, Sarah Möller, Annarita Papeschi, Michael Schoner, Wim Sjerps, Crystal Tang
设计师：Arie van den Berg, Horst Rickels, Marc Ruygrok
溜冰场设计师：阿姆斯特丹的 Carve 设计事务所
项目概要：公共空间——教堂广场、广场、码头、公园、儿童游乐场
购物区——超市、花鱼市场
所获奖项
2005 年儿童友好项目
2006 年欧洲城市公共空间设计奖
2007 年 Parteon Architectuurprijs Zaanstreek 建筑设计奖

该景观项目位于阿姆斯特丹附近的一座风景如画的小镇中，坐落在桑河岸边。上世纪 70 年代初期，横跨桑河兴建了一条新的高速公路，旁边有一处地标性的建筑——教堂。该项目的主要目标是重建小镇两边的联系，并赋予高速路下的空间以新的活力。这个区域沉寂了三十多年，直到近来有了这个契机，增添了小镇的生机与活力。项目规划是设计师与当地政府和当地市民通力合作达成的，在一处叫做 A8ernA 的文件中，当地社区的共同愿望和建议得以体现。这些愿景也是该重建项目的起始点，其中囊括了打造超市、花鸟鱼市场、容纳 120 辆车的停车场、亲水平台以及所谓的"公园"和"涂鸦画廊"。

凯威设计工程公司打造了溜冰公园，其中有一个按照米老鼠形象打造的大型碗状结构。该空间刚好位于高速公路正下方。靠近高速公路有一处小型公园，有很多隆起的小山状设计，提升了人们对绿色环境体验的同时，这座小公园中还设置了烧烤区和足球场。教堂前面广场上多余的绿色植被都被清理了，空间设置更显迷人，也更为合理，浅色砖结构凸显了原有的城市色彩，也会使人们联想到曾经矗立在这里的那些住宅，木质地即为原来房子所在的位置。

河堤上密集的支撑结构避免了人们的公共活动会对桑河带来一些不良影响。项目团队在高速公路下的地面上挖掘泥土打造了一处小型海港，这样桑河的水被引到了大街边上。码头可以帮助人们实现与河流的近距离接触，全景式的甲板可以使人们尽情欣赏河流美景。高速公路将小镇重新联系成了一个整体，使小镇重现往日生机。

© Luuk Kramer

改造前

Koog aan de Zaan, Zaanstad, The Netherlands

Client: Gemeente Zaanstad

Size: Public space 22,500 m^2

Shopping 1,500 m^2

Budget: 2,100,000 €

Architect: NL Architects, Pieter Bannenberg, Walter van Dijk, Kamiel Klaasse

Project Leader: Sören Grünert

Team: Erik Moederscheim, Sarah Möller, Annarita Papeschi, Michael Schoner,

Wim Sjerps, Crystal Tang

Artists: Arie van den Berg, Horst Rickels, Marc Ruygrok

Skatepark Design: Carve, Amsterdam

Program: Public space – Church Square, covered square, marina, park, kid zone

Shopping – supermarket (facade), fish/flower shop

Awards:

Child Friendly Projects 2005

European Prize for Urban Public Space 2006

Parteon Architectuurprijs Zaanstreek 2007

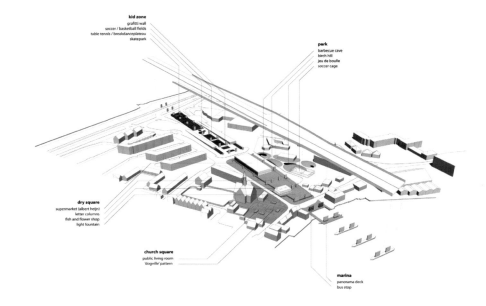

Koog aan de Zaan is a sweet little village near Amsterdam. It is located at the river Zaan. In the early seventies a new Freeway was constructed. In order to cross the river Highway A8 was built on columns. The space under the deck is strangely monumental: a stretched cathedral. The project is an attempt to restore the connection between both sides of town and to activate the space under the road. After being treated for more than 30 years as a blind spot finally the momentum is there to change things for the better.The plan was developed in close collaboration with the local government and population. The wishes and suggestions of the community are laid down in a document called A8ernA. The locals came up with numerous proposals that were used as the starting point for the renewal among which a supermarket, a flower and a fish shop, parking spaces for 120 cars, a better connection to the river, a 'park' and a 'graffiti gallery'.

Design and engineering company Carve developed the sophisticated skate park that features a 'Mickey Mouse' shaped bowl. The pool is a kind of excavated blob that sits under the highway. Next to the highway is a small park with some hills that intensify the experience of the greenery. Carved out from these are a 'barbecue cave' and a soccer cage. Redundant greenery was removed from the square in front of the Church that as such became much more attractive and usable. On the square, the original city plan is highlighted in a lighter brick and articulates in a Dogville kind of way the configuration of houses that used to be here. Wooden plateaus indicate the position of former living rooms.

The dense construction along the riverbanks prevents public interaction with the River Zaan. By introducing the mini harbor that is excavated from the land under the highway the water connects to Main Street. A jetty allows access to the first two columns in the stream. The Panorama Deck features wonderful views over the river. In an unexpected way the elevated highway offers the opportunity to reconnect the village to the source of its existence.

© Luuk Krame

© Jeroen Musch

瓦登海及北海艾科梅尔**中心**
Centre for the Wadden Sea and North Sea

地址： 荷兰泰瑟尔岛
客户： 瓦登海及北海艾科梅尔中心
项目内容： 设计户外区和水池
面积： 5 400 m²
设计周期： 2006–2008
建造周期： 2008–2011
状态： 已完工
设计团队： Bart Brands, Lieneke van Campen, Katarina Brandt, Monika Popczyk, Joost de Natris, Kristian van Schaik, Sven B ü hnemann

© Karres en Brands

项目坐落在荷兰泰瑟尔岛的弗里斯恩小岛上，最初是作为海豹的避难所建造。现在，这个地方正将成为瓦登海的国际信息中心。正如海豹一直颇受人们的喜爱，尤其是户外水池里的海豹，这里也每年有很多游客，但该户外水池需要进行重新整修。按照规划，该项目分为三个清晰的部分：广场、水池和沙丘。沙丘可以作为水池的天然屏障，这样可以免去打造栅栏、篱笆等的繁杂工序。沙丘高度稍有变化，以展现沙丘景观的自然效果，同时也满足了所有游客拥有观赏海豹的最佳视野。沿着水池，设计师设计了信息普及大道，其中有展厅以及和实物大小一样的海洋生物模型。广场上设有平台以及游玩区，可以接待大量游客。该项目所使用的材料和各种元素也基于泰瑟尔岛的当地景观而定，比如贝壳、沙土、天然水池、救生圈、海草等。

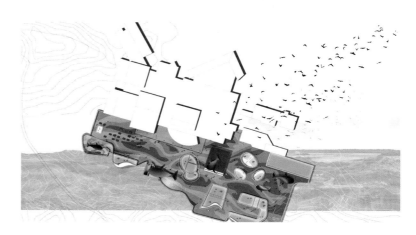

The square on the Friesian island

Location: Texel, The Netherlands

Client: Ecomare, Centre for the Wadden Sea and North Sea

Assignment: design outdoor area and pools

Area: 5,400 m^2

Design: 2006 – 2008

Construction: 2008 – 2011

Status: Realized

Team: Bart Brands, Lieneke van Campen, Katarina Brandt, Monika Popczyk,
Joost de Natris,
Kristian van Schaik, Sven Bühnemann

© Karres en Brands

Ecomare, located on the Friesian island of Texel, was originally founded as a shelter for stranded seals. It's ambition now is to become the international information centre for the Wadden Sea. For many years the seals themselves have been the main public attraction, drawing around a million people each year to the indoor exhibitions, but more importantly they come to see the seals in their outdoor pools. This outdoor area was due for renovation. The plan is based on a clear three-fold division: square, pools and dunes. The dunes provide a natural backdrop for the pools and remove the need for a multitude of fences and barriers. Small variations in height, just as in a natural dune landscape, mean that all visitors have a good view of the seals. Alongside the pools an educational boulevard has been created, with exhibition pavilions and life-size models of sea creatures. The square offers space for terraces, play areas and receiving large groups of visitors. The materials used are based on the landscape of Texel: shells, sand, natural basins, buoys and marram grass.

曼德拉**公园**
Mandela Park

地址：荷兰阿尔默勒

客户：阿尔默勒市政厅

项目内容：地下车库上方的公共空间和城市公园

面积：3.3 ha

设计周期：2006-2010

建造周期：2010-2011

状态：已完工

预算：380 万欧元

设计团队：Bart Brands, Jeroen Marseille,
Paul Portheine, Uta Krause, Carlie Young,
Annalen Grüss, Joost de Natris

项目是一座公园和一座广场，由 Karres en Brands 设计完成，位于阿尔默勒火车站附近的新商业区。新商业区中有三座是由投资商 Eurocommerce 开发的商务大厦，均高达 120 m，是周边街区最高的三座大楼。该公园位于商务大厦的地下停车场上方，广场位于大厦与火车站之间。这个区域是 Remo Kolhaas 为阿尔默勒制定的总体规划的一部分，高耸的大厦确定了荷兰这座最年轻城市的新天际线。Karres en Brands 赋予这座完全由人工打造的街区的新特色。

曼德拉公园就坐落在两处四层地下停车场的上方。曼德拉公园长 200 m，是荷兰最大的屋顶公园。该公园是这个高度城市化环境中的绿洲，其中有水景、绿植、多年生植物、花圃等。从建筑顶部鸟瞰，这座公园仿佛是用绿植拼缀而成，选用具季相色彩特点的植被。公园的空间边界是栽种了成熟树种的林荫大道。公园北部边界为一个长 200 m 的水池，可以将人们的注意力吸引到公园上。道路使用水磨石沥青铺砌，形成连续又统一的路面。部分条形码式的路面使用了多种铺砌材料，将火车站、市中心的自然石与公园中的沥青路面联系起来。

© Karres en Brands

© Karres en Brands

A park and a square designed by Karres en Brands have been completed in the new business district near Almere train station. The new district includes three office towers developed by the investor Eurocommerce, which are the highest in Flevoland at a height of 120 meters. The park is situated above the underground car parking for the office towers, while the square media the set area between the towers and the train station. This area is part of a masterplan by Remo Kolhaas for Almere, an "Instant Skyline" defines the edge of the youngest city in the Netherlands.

Karres en Brands adds an "Instant Identity in" this completely artificial Context.

The Mandela park is situated on the roof of two four-layered underground parking garages. With its 200 meter length, it's the largest rooftop park in the Netherlands. The park is a green oasis in a highly urban environment, a landscape with water feature, grasses, perennials and flowering shrubs. Seen from top of the towers, the park shows itself as a green patchwork that changes color throughout the seasons. An avenue of mature

plane trees defines a visual and spatial edge of the park. A 200 meter long pond runs along the northern edge of the park, drawing attention to the scale of the park. The paths are made of terrazzo asphalt, creating a continuous and seamless surface. The square created between the park and station mediates between these two areas by the treatment of the pavement. Several paving materials are combined in a bar code pattern, bringing together the natural stone of the station and city center and the terrazzo asphalt in the park.

The largest rooftop park in the Netherlands

© Karres en Brands

Location: Almere, The Netherlands

Assignment: Design public space and urban park on parking garage

Area: 3.3 hectares

Design: 2006 – 2010

Construction: 2010 – 2011

Status: Realized

Client: Municipality of Almere

Budget: € 3.8 mio

Team: Bart Brands, Jeroen Marseille, Paul Portheine, Uta Krause, Carlie Young, Annalen Grüss, Joost de Natris

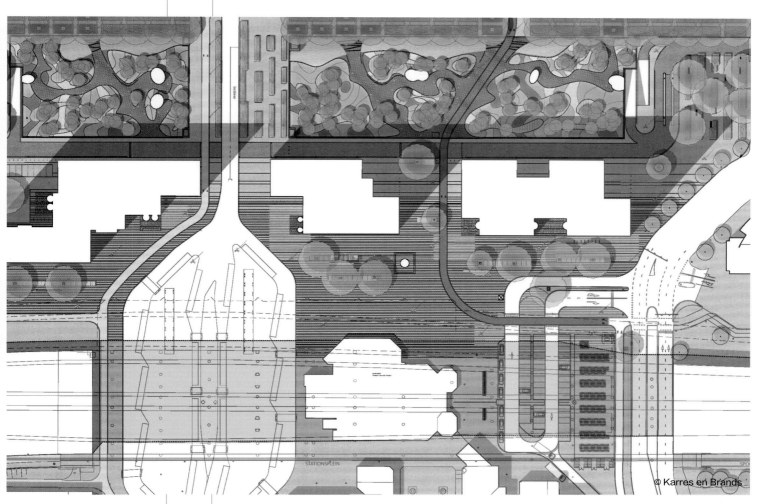

© Karres en Brands

克罗姆特**军营**
Kromhout Barracks

地址：荷兰乌特勒支

客户：Komfort (Ballast Nedam, John Laing and Strukton)

项目内容：城市设计、景观设计、公共空间设计、建筑管理

面积：19 ha

设计时间：2007 年

建造周期：2008–2012

状态：已完成

合同类型：DBFMO（设计、建造、财务、维护、运营——该合同包含截止 2035 年的维护内容）

预算：约 4.5 亿欧元

设计团队：Bart Brands, Sylvia Karres, Lieneke van Campen, Jeroen Marseille, Uta Krause, Paul Portheine, Joost de Natris, Jim Navarro

合作方：Meyer en Van Schooten Architecten en Bureau Fritz

© Karres en Brands

　　该项目为荷兰皇家陆军总部、支援司令部以及国防部门其他几个机构所在地，拥有 3 000 多名雇员。Karres en Brands 与 Meyer en Van Schooten 共同制定了该城市的规划方案。该项目的基本原则是打造结构清晰、布局合理的空间，同时维护好景观原有的外观。该项目包含三个部分：带式地块、旷野式地块以及中心公园。办公楼位于带式地块区域，住处和训练设施位于旷野式地块区域，中心公园将两者联系在一起。带式地块包含几座办公楼，主入口通道与这几座办公楼垂直分布。河道作为传统的防御方式，也被设计到项目中，表现为围绕着建筑的大型壕沟，同时在该项目中也与附近蜿蜒的莱茵河构建了一种关联。建筑间是花园和平地，每一处均有独特的风格和布局。旷野式的地块为项目与附近大学校园的空间形成了更好的连接，附近的地块也都纳入设计中，旷野式地块中的元素有石板路、草坪和树木。中心公园是该城市规划项目的绿色心脏所在，为整个项目打造了一种平衡。

© Karres en Brands

© Karres en Brands

Location: Utrecht, The Netherlands

Assignment: urban design, landscape, public space, construction management

Area: 19 hectares

Design: 2007

Construction: 2008 – 2012

Status: Realized

Type of Contract: DBFMO (Design, Build, Finance, Maintain, Operate - the contract includes a maintenance contract until the end of 2035)

Client: Komfort (Ballast Nedam, John Laing and Strukton)

Budget: Approx. € 450 mio (net present value)

Team: Bart Brands, Sylvia Karres, Lieneke van Campen, Jeroen Marseille, Uta Krause, Paul Portheine, Joost de Natris, Jim Navarro

In Partnership with: Meyer en Van Schooten Architecten en Bureau Fritz

The Kromhout Barracks is a public/private development which accommodates the Headquarters of the Royal Netherlands Army (CLAS), the Support Command (CDC) and several parts of the Defense Equipment Organisation (DMO) with more than 3,000 employees. Karres en Brands draw up the urban development plan together with Meyer en Van Schooten. The basic principle is to create a clear and well-organised site layout while maintaining a landscaped appearance. The project consists of three parts: the Strip, the Field and the Central Park. The office buildings are located in the Strip while the accommodation and training facilities are situated in the Field area. The Strip and the Field are connected by the central park. The Strip consists of a series of office buildings running perpendicular to the main access road. Water as a historic means of defence is reintroduced in the form of a large moat around the buildings, creating a relationship with the nearby Kromme Rijn river. Seven gardens and ground are situated between the buildings, each with their own character and layout. The Field on the other hand aims to create a relationship with the spatial structure of the adjacent University grounds. The scale and structure of the neighbouring site is taken up and continued. The Field consists of flagstone paths, lawns and trees. The central park area is the green heart of the urban development plan and brings the whole complex into balance.

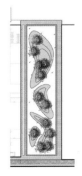

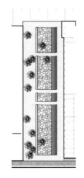
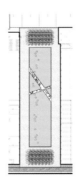

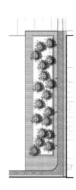
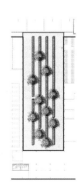

© Karres en Brands

阿姆斯特丹布宁根**广场**
Van Beuningenplein, Amsterdam

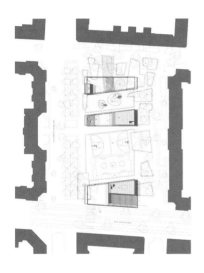

地址： 荷兰阿姆斯特丹布宁根广场

客户： 阿姆斯特丹西区

项目概要：

广场：两个游乐场、几处操场、一个舞台、坐席以及绿化带

1 区：儿童中心、停车场以及进入车库的行人通道

2 区：广场管理区、茶室以及进入车库的行人通道

3 区：进入车库的行人通道

设计公司： Concrete

邮政编码： 1012dr

邮箱： info@concreteamsterdam.nl

网址： www.concreteamsterdam.nl

广场设计： district west，Concrete，ontwerp en ingenieursburo carve，van dijk & co landschaps architecten

建筑物以及结构框架设计公司： Concrete

项目团队： rob wagemans，erikjan vermeulen，bram de maat

项目工程师： infra consult + engineering

承包商： balast nedam infra noordwest，balast nedam bouw

摄影： ewout huibers for concrete

概述

布宁根广场坐落在阿姆斯特丹西区的范哈尔斯塔特地区，对该广场进行重建的源起是要打造一个两层的地下停车场。阿姆斯特丹西区的政府部门和 Dijk&Co 景观建筑事务所提出了最初的想法，经过一个小范围的竞标之后，Concrete 公司接受委托打造该建筑。

从大处着眼，承建公司提出了这样一个设计理念，在广场上为周边居民打造一处生活空间，将其与建筑融为一体。矩形的空间被分成几个不同区域，每个区域针对不同的年龄层均拥有其独特功能。各个空间或位于地面以下，或高于地面。其中三个区域拥有钢制框架，距离地面有 4 m，均与主建筑连在一起。这些框架结构在广场上营造出了非常惬意的空间，木质梁架与钢结构的组合为空间营造出了独特的韵味。

第一个空间为入口区。该入口设置在钢结构的下方，也是停车场的入口区，这里有一处称作"车库"的少年活动中心，是供青少年们聚会以及举办各种活动的场所，其屋顶处拥有一处休憩场所和一处足球场。第二个空间中设有游乐场和溜冰场。

生活空间就紧挨着这第二处空间，这也是一处拥有钢制框架结构的空间，设有野餐桌和一个可以被用来进行各种表演或者放映电影的舞台，该舞台还拥有两处很舒适的座位区，并栽种了一些树木。生活空间与主建筑物相连，主建筑物中设有茶室以及供广场管理人员使用的生活设施，屋顶部分可用作观景平台，茶室直接通到平台上。最后这处空间的框架结构也与一处小型建筑物连在一起，这就为停车场提供了另外一处行人通道。这些空间的设施由 Carve 设计公司提供。这处蓝色的波浪式景观中拥有游玩设施、沙箱、大树等，一个秋千悬挂固定在木质梁架下方。

钢制框架安装有彩色 LED 照明设施，当夜幕降临时，这些照明设施会照亮所有空间。其色彩是提前一年设定完成的，灯光色彩会随着季节和特定的日子而变化，例如情人节的时候，广场是红色的，而女王日到来的时候就会变成橘黄色。

材料

该广场的元素有红色炼砖、高高的大树、绿色的种植槽等，运动场和操场使用深蓝色沥青和橡胶进行打造。几乎所有的原生大树都得以保全，并增添了新的植物和灌木丛。建筑物拥有大型的玻璃立面，外部覆以钢丝网，玻璃使建筑内部空间倍显通透，而钢丝网可以保护人们免遭日晒或者飞来的球袭击。建筑周边点植常春藤，以使绿植和建筑互不影响。在天气合适的时候，儿童中心和茶室会对外开放，其大型的旋转门有 3.6 m 高。

建筑以及结构框架的材料

立面： 深灰色钢制框架以及玻璃结构，旋转门有 3.6 m 高，木质框架外部覆以深灰色的板材，立面和封闭式墙体结构外部覆以镀锌网状结构

平台： Bankirai 平台木，钢制框架：镀锌钢 IPE-600 梁架，Billinga 木质梁架，规格为 440x85 mm，加成色的 LED 照明设施

广场：

设有长椅的入口广场：Bankirai 木材以及镀锌光结构

茶室：Bankirai 平台木

茶室附近的野餐桌椅：混凝土构造和 Bankirai 木制座椅

© ewout huibers for concrete

© ewout huibers for concrete

Address: van beuningenplein, Amsterdam, The Netherlands

Client: West District of Amsterdam (formerly know as westerpark)

Program:

Square: 2 playing fields, several playgrounds, a stage and seating area, landscaping

Pavilion 1: teen-centre, car parking and passenger entrance garage

Pavilion 2: square-supervisor, teahouse and passenger entrance garage

Pavilion 3: passenger entrance garage

Designer: Concrete

Office Address: oudezijds achterburgwal 78a, Amsterdam, The Netherlands

Postal code: 1012dr

E-mail: info@concreteamsterdam.nl

Website: www.concreteamsterdam.nl

Design Square: district west, Concrete, ontwerp en ingenieursburo carve, van dijk & co landschaps architecten

Design Pavilion/Frames: Concrete

Project Team Concrete: rob wagemans, erikjan vermeulen, bram de maat

Constructional Engineering: infra consult + engineering

Contractor: balast nedam infra noordwest, balast nedam bouw

Photography: ewout huibers for concrete

Van Beuningenplein, Amsterdam

SHORT STORY

Van Beuningen square is located at the van Hallstraat, West district of Amsterdam. Building an underground two-layer parking facility gives cause for the redesign of the entire square. Based on the initial ideas of the West district of Amsterdam and Dijk&Co Landscape Architects, after a small closed competition, Concrete was asked to design the pavilions positioned on the square.

Looking at the bigger picture, Concrete introduced the concept to create a living room for the neighbourhood on the square, integrating the pavilions. The rectangular space is divided into zones. Each zone or room is adapted to specific functions and age groups. The rooms either are sunken into the ground or elevated. Three zones are framed by steel beams, elevated 4 meters above ground level and connected to a pavilion. These beam frames create intimacy and shape room-type spaces on the square. Wooden pergola beams right-angled to the steel beams contribute to the space perception.

The first room is the entrance zone. Below the steel framework, the entrance is marked as well as the car entrance for the parking garage. The connection pavilion includes a teen-centre called 'the garage', a place for teenagers meet and organize activities. A hangout and 'panna' soccer field are situated on the roof. The next room contains playing fields and skate spots.

The living room is next to this, again a framed zone with picnic tables and a stage. The stage offers the possibility to give performances and install a movie screen. The stage additionally contains two snug sunken sitting areas and some trees. This framed room is connected to a pavilion containing the teahouse and accommodations for the square-supervisor. The roof is accessible from the teahouse and serves as a terrace.

In the final zone, the frame is connected to a smaller pavilion, to provide an additional passenger entrance for the parking garage. This framed room is furnished by design agency Carve. A blue wavy landscape filled with playing facilities, a sandbox and climbing trees. Swings hang from the wooden pergola beams and the steel frame contains a rain curtain.

The steel frames are accommodated with coloured LED lighting, which light up the rooms when the evening falls. The colours are programmed a year in advance and react to seasons and specifics days. For example, the square colours red on Valentinesday and orange on Queensday.

MATERIALS

The square is furnished with red clinkers, big stone tree and green planters, deep blue painted asphalt and rubber for the playing fields and playground. Almost all excising trees are preserved and supplemented with new plants and bushes. The pavilions are built with large glass facades, covered in steel mesh. The glass makes the pavilion transparent and the mesh protects against the sun and bouncing balls. Where the green touches the pavilions, ivy will cover the facades in time. Large pivot doors (3,6 meters high) will open the teen-centre and teahouse, when the weather allows it.

materials pavilions and framing beams:

facade: dark grey coated Janssen steel framed glass with pivot doors 3,6 meters high, timber frame wall covered with dark grey Eterflex sheets, façade and closed wall parts covered with galvanised mesh sheets
terrace: Bankirai platform wood
steel frames: galvanised steel IPE-600 beam, Billinga wood pergola beams 440x85 mm, RGB coloured LED-strip lighting
plein:
circular benches entrance square: bankirai wooden parts on a galvanised steel construction
stage teahouse: Bankirai platform wood
picnic tables and benches near teahouse: concrete and Bankirai wooden seating.

© ewout huibers for concrete

© ewout huibers for concrete

尼古拉斯广场**景观**
Nicolaas Beetsplein

角色定位：街区广场

地址：荷兰多德雷赫特老克里斯皮恩住宅区

总面积： 9 400 m²

客户： Gemeente Dordrecht and CBK Dordrecht

建筑师： NL Architects and DS Landschapsarchitecten

NL Architects: Pieter Bannenberg, Walter van Dijk, Kamiel Klaasse

DS Landschapsarchitecten: Jana Crepon

NL 建筑事务所团队： Kirsten Huesig with Beatriz Ruiz and Maurice Martell

技术支持和结构工程师：Ingenieursbureau Dordrecht

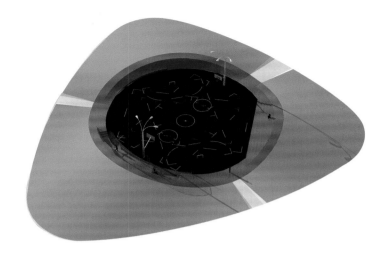

Use: Neighborhood Square
Location: Oud Krispijn, Dordrecht, The Netherlands
Total area: 9,400 m^2
Client: Gemeente Dordrecht and CBK Dordrecht
Architect: NL Architects and DS Landschapsarchitecten
NL Architects: Pieter Bannenberg, Walter van Dijk, Kamiel Klaasse
DS Landschapsarchitecten: Jana Crepon
Team NL: Kirsten Huesig with Beatriz Ruiz and Maurice Martell
Technical Support and Structural Engineering:Ingenieursbureau Dordrecht
Design: Design Phase May 2003 – June 2005
Completion: April 2006

老克里斯皮恩是位于多德雷赫特城市中的一处花园式住宅区，规划于 1932 年，主要居住群体为工人阶层。由于年代久远，公共空间和运动场地已经不能满足当下生活的要求了。项目团队拆除了一整座建筑，为该景观项目预留出了足够的空间。但是项目团队不想打造一个封闭的笼式足球场，所以如何打造一个既有特殊用途，又能对周围居民开放的公共空间成为设计师面临的新课题。

该项目的设计理念类似于树的年轮。整个场地拥有连续式的同心区设计，边缘的部分为私人活动场地，中央部分为公共活动场地。从外环向内依次是小型花园、树篱、人行道、泊车区、街道、拥有长椅和大树的休闲区、琴拨状的 3D 草坪、混凝土打造的弯曲式环形场地，最后是位于中央的球场。一些有可能会对他人造成影响的活动场所均被设置得尽可能远离居民活动区，这就保证了嬉戏打闹的孩子和年长一些的居民都能享有美好的休闲时光。操场周边设置了草坪，为了凸显其绿意，草坪被设计得高于地平面，最终呈现在人们眼前的是立体式的草坪。

中央的球场为柏油地面，这里有三个相互重叠的运动场地，分别是足球、篮球和排球场。在寒冷的冬天，人们会请消防队将稍显倾斜的场地注满水，于是一处临时性的滑冰场就打造成功了。

中央球场的周边为一条弯曲式的混凝土环形结构，整个环形结构的直径为 30 m，而环形结构本身的宽度为 3 m。该波浪式环形结构可以用作自行车道，也可以作为跑道使用。基于年轻人无穷的活力，该周而复始的环形结构赋予人们一种永无止境的感觉。该环形结构依据地势的起伏被分成三个部分，每个部分的设计各不相同。"正面看台"朝向西南方，可以沐浴午后的阳光，另一部分主要是为小孩子们准备的，设有很多休憩设施，比如"谈话区"、滑梯、"洞穴"、微型攀岩墙等，第三部分设有长长的坐凳和自行车坡道。为了减少操场上的障碍，篮球杆与照明灯固定杆合二为一：篮板固定在三头灯具杆上，该灯具为整个广场提供照明。

Oud Krispijn is a neighborhood in the city of Dordrecht, planned in 1932 as a Garden City for the working class. For current standards the total amount of public space and playgrounds was not sufficient. One entire building block was removed and became Nicolaas Beetsplein.Beetsplein had to solve the paradox: how to program public space such that it can be used in specific ways and at the same time remains open and accessible for everyone? Here we did not want to build the typical soccer cage.

The configuration resembles the annual growth rings of a tree. Consecutive Concentric zones develop from private around the edges to public in the center. The outer ring consists of miniscule front gardens and hedges followed by the pedestrian walk, a strip of Perpendicular Parking, the street, an informal area with benches and trees, the plectrum shaped 3D Lawn, the warped concrete Ring and finally the Center Court. The possibly disturbing activities are situated as far as possible from the residential 'crust' enveloping the square hopefully allowing the friendly coexistence of playing kids and elderly inhabitants. A lawn was introduced surrounding the playground. In order to reinforce the 'green' effect the lawn is 'inflated'; by pumping up the meadow a 3 dimensional green sculpture comes into being.

The Center Court is an asphalt circle with 3 overlapping playing fields for soccer, basketball or volleyball. During cold winters the fire brigade can fill up the slightly sloping circle with water: a temporary ice-skating ring emerges.

The center court is wrapped by a warped concrete ring with a diameter of 30 meters. The ring is 3 meters wide. It serves as an undulating biking or running trail. Anticipating on the limitless energy of young people, the Circle offers Endlessness. It follows the amplitude of the hills and is as a consequence divided into three segments. Each of them is programmed in a different way. The 'grandstand' is facing southwest to enjoy afternoon sun. Another part is dedicated to small children and includes some sitting facilities, a 'chat box', a slide, a 'cave', and a mini climbing wall. The third segment is a lengthy bench and Bike Slide. In order to reduce the amount of obstacles on the playground the basketball poles have been merged with the light fixtures: the backboards will be mounted onto tall 3-headed lamps that will illuminate the square.

国外 **Oversea**

REM 岛
REM Island

位置： 荷兰阿姆斯特丹 Houthaven 地区
客户： De Principaal Amsterdam
项目概要： 一层：265m² 的办公区
二、三层：396m² 的餐厅
四层：阳光露台
设计公司： Concrete
地址： 荷兰阿姆斯特丹
Oudezijds Achterburgwal 78a
邮政编码： 1012DR
邮箱： info@concreteamsterdam.nl
网址： www.concreteamsterdam.nl
设计团队： Erikjan Vermeulen, Rob
Wagemans, Wouter Slot, Jolijn Valk,
Bram de Maat
室内设计公司： Nick van Loon
结构工程师： ABT Delft
承包商： Heuvelman-ibis bv

项目源起

2007 年，Concrete 设计公司提出了这样一个想法：在阿姆斯特丹的 IJ 河上打造一处河上小岛。2008 年，该公司与一家室内设计公司 Nick van Loon 倾力合作完成了该项目。前者负责改扩建工程，后者负责室内设计部分。该项目坐落在阿姆斯特丹的 Houthavens 地区，其在美化港口、提升附近住宅区的生活水准方面发挥了重要作用。

设计

该项目包含位于一层甲板区的办公空间和二、三层的餐厅区，餐厅区占据了两个楼层。一处大型的公共露台坐落在高 25 m 的屋顶上，拥有壮观的全景式视野。建筑外观使用醒目的红色和白色进行装饰，两种颜色呈方格分布。该建筑坐落在高 12 m 的立柱上，距离河岸 15 m。人们通过钢制人行桥来到建筑所在地，首先来到建筑下方，然后通过壮观的钢制结构进入建筑内部。通道分为两个部分：一部分引领着人们到达电梯处；另一部分引领着人们来到楼梯处。楼梯顺着建筑的东北侧蜿蜒上行，通向每个楼层以及屋顶露台。围绕着这座小岛式建筑走动时，在每个楼层人们都能欣赏壮观的美景。

红白相间的立面设计也体现在新建的楼层中。其立面的红色部分为封闭式的，而白色部分安装了大型的玻璃窗。原有的富有特色的细节和构造部分得以保存，并被重新利用起来。该小岛配备了长长的人行桥、硕大的信号灯以及救生艇。加建的楼层部分位于原先的直升机停机坪上。立面的很大一部分和立柱都紧密焊接在一起，形成新旧部分之间的微妙的过渡。原有的楼梯、楼梯平台以及研究用平台等大多都实现了重新利用，以确保该小岛能秉承其原有的氛围。

所有原来的围栏都被修复，并使用了定制的栏杆，以满足当前的标准。一层还设计有旁路，以方便人们可以围绕着整个楼层走动。该楼层的办公区拥有大型的玻璃构造，使空间倍显敞亮，人们也拥有欣赏 IJ 河、Houthavens 地区以及整座城市的良好视野。二层西南侧有一处阳光露台，安装有大型的钢结构旋转门，拥有白色立面，该露台与内部的酒吧连在一起。厨房和餐厅入口也都位于二层上。

宽阔的楼梯引领着人们从二层进入三层，而三层就是原来的直升机停机坪所在地。围绕着三层设置了大型的玻璃滑动门。停机坪周边的支路也可以作为露台使用。通过主楼梯，人们可以到达屋顶 140 ㎡ 的露台区。人们攀爬 22 m 楼梯的回报是拥有不可思议的开阔美景，可以俯瞰阿姆斯特丹的整个市中心区。

历史

该项目的建设开始于 1964 年，该岛距离诺德维克海岸有 9 km，刚好在荷兰领海之外，这使其可以不必受荷兰一些规定的束缚。当年夏天，该岛发出了其第一条商业广播和电视广播信号。整个项目完全使用钢材打造而成，被看作是在海上建设钻井平台的范本。

岛上设有一处高 80 m 的无线电天线塔，坐落在 6 根立柱上方，距离海平面有 10 m。在发出第一条广播信号约 4 个月后，荷兰政府认定其违反法律，随后派遣联邦警察进行突袭，缴获所有设备，并拆除天线塔。一群广播先锋人士团结起来，建立了 TROS（知名的荷兰电视频道）。政府突袭该岛之后，开始将其用作国家水资源开发的试验场地。2006 年，REM 岛被拆除，并被运输至岸边。

© jim ellam

Project Location: Houthaven Amsterdam, The Netherlands

Client: De Principaal Amsterdam

Program: Deck 1: 265 m^2 office function

Deck 2 & 3: 396 m^{2}2restaurant,

Deck 4: sun terrace

Designer: Concrete

Address: Oudezijds Achterburgwal 78a, Amsterdam, The Netherlands

Postal code: 1012DR

E-mail: info@concreteamsterdam.nl

Website: www.concreteamsterdam.nl

Design Team: Erikjan Vermeulen, Rob Wagemans, Wouter Slot, Jolijn Valk, Bram de Maat

Interior Design: Nick van Loon

Structure Engineer: ABT Delft

Contractor: Heuvelman-ibis bv

Start Date: June 2007

Complete Date: May 2011

© ewout huibers

Initiative

In 2007 Concrete was asked by hospitality entrepreneur Nick van Loon to come up with an idea for the REM-island located in the river IJ in Amsterdam. Together with the housing corporation 'De Principaal'Nick van Loon developed the project in 2008. Concrete made the design for the renovation and expansion of the REM-island, Nick van Loon designed the interior. The REM-island is located in the Houthavens in Amsterdam at the end of the Haparandadam and plays an active role promoting the harbour and the new adjacent residential area.

Design

The program consists of an office function on the first deck and a restaurant on deck two and three, an extra story has been created spreading the restaurant over two floors. At 25 meters height, a large public terrace is situated on the roof with a fantastic 360-degree view. The distinctive red and white-checkered building

➤ **An island upon the river**

rests on 12-meter high columns and has been placed 15 meters of shore. A steel footbridge leads up to the building, first running beneath the island and then guiding you through the enormous steel construction. The walkway splits into one part that leads to the elevator while the other leads to the staircase winding its way up along the northeast side of the building with connections to each deck and the roof terrace. Walking around the island the viewer is treated to a great view on every terrace.

The red and white-checkered pattern of the building is continued in the new floor externally. The red parts of the façade are closed (solid) while the white parts are filled with large glass windows. Characteristic existing details and components have been preserved and reused. Long external footbridges, large signal lights and the lifeboat have been placed back on the island. The new added story will be placed on the former helicopter-platform designed on the same grid as the existing structure. Large parts of the facade and columns are welded on site to form a subtle transition between old and new. Staircases, landings and research-platforms are mostly reused and made accessible, to ensure the island retains its original atmosphere.

All original fences have been renovated and railings have been customized to meet current standards. Deck 1 has a bypass making it possible to walk around the entire deck. The office function on this floor has large glass panels, which create a bright room with wide views over the river IJ, the Houthavens and the city. Deck 2, located at the southwest end of the building, provides a sun terrace that by large steel pivoting doors in white façade parts is connected to the bar inside. The kitchen and entrance of the restaurant are also situated on deck 2.

A wide staircase leads guests through a void from deck 2 to deck 3 where the helipad used to be located. This deck is surrounded by

large glass sliding doors and a bypass around the helipad which also can be used as a terrace. The 140 square meters roofterrace is reachable by the main staircase. The reward for the 22 meters climb is an unexpected view that stretches over the entire center of Amsterdam.

History

The construction of the REM-island (pirate broadcasting company) started in 1964. The island was located 9 kilometers off the coast at Noordwijk just outside territorial waters in order to avoid Dutch legislation. In the summer of that year the island provided the first commercial radio and tv broadcast. Constructed completely from steel, the REM-island was seen as a prototype for building oil platforms at sea.

The island housed a radio tower of 80 meters high resting on 6 columns and stood 10 meters above sea level.

Nearly four months after the first broadcast the Dutch government adopted the anti-REM law and a raid by federal police shortly followed. The government took all the equipment and broke down the tower. A group of broadcast pioneers united and established the TROS (a well-known Dutch television channel). After the raid the government took over the island and began to use it as a test-post for National Water Development. The REM-island was dismantled and brought to shore in 2006.

VPRO 公共广播公司
广播电视**中心**

Television and Radio Center of the VPRO Public Broadcasting Corporation

Client: VPRO Broadcasting Corporation
Location: Mediapark, Hilversum, The Netherlands
Size & Program: 10,500 m^2;
Budget: 10 Million Euro
Co-Architect: Bureau Bouwkunde, Harleem, Netherlands
Structure: Bureau Bouwkunde, Harleem, Netherlands; Arup, London, UK
Building Physics: DGMR, Arnhem, Netherlands

地址： 荷兰哈勒姆市
客户： VPRO 广播公司
建筑面积： 10 500 m^2
预算： 1 000 万欧元
建筑设计： MVRDV 建筑设计事务所
合作设计： 荷兰哈勒姆市工程局
结构： 荷兰哈勒姆市工程局、英国伦敦奥雅纳
全球公司
建筑物理： 荷兰阿纳姆地质和矿产资源部

© Rob't Hart

© Rob't Hart

© Rob't Hart

VPRO 广播电视中心可以用一系列词语来形容，例如"紧凑的空间"、"空间的精密分割"等，以及建筑与基地环境间的关系。鉴于此地现有的区域规划边界和最大建筑高度等城镇规划限制，这些紧凑的条件使之成为"荷兰最深的办公大楼"。空间的精确定位既为室内带来了自然采光，又获得了良好的室外景观，从而形成了一个开放式的办公场所，室内和室外的差异也变得模糊了。

覆盖草皮的建筑屋顶取代了基地上原有的各种植被，屋顶下面是类似于"地质构造"的不同楼层。这些楼层的空间通过一系列手法相互连接，例如坡道、台阶式楼板、巨大的踏步和小范围的楼面升起等，提供了一条直达屋顶的流线。不同高度之间连接组成连续的室内空间，与空隙所产生的翼型空间一起，满足了不同工种、不同工作背景的使用者，也适应了VPRO 办公类型不断变化的需求。新办公楼的休息室、阁楼、大厅、内院和室外平台都与原来的办公环境逐一对应。

The VPRO Television and Radio Center can be described using terms such as 'compactness' and 'spatial differentiation' and in terms of its relationship to the landscape around it. Given the present town-planning restrictions on the site zoning plan boundaries and maximum building heights compactness has led to 'the deepest office building in the Netherlands'. A precise positioning of voids allows the access of natural light to be combined with views over the surroundings. The result is an open-plan office where the difference between inside and outside is vague.

The greenery that stood where the building now stands has been replaced with a raised grass covered roof under which lies a 'geological formation' of different floors. These floors are connected to one another by spatial devices such as ramps, stepped floors, monumental steps and small rises, thus providing a route to the roof. The differences in height in the resulting continuous interior, combined with the wings created by the gaps, facilitate a wide range of work contexts in different office typologies to meet the ever changing demands imposed by VPRO's business. Lounge, attic, hall, patio and terrace types all serve to echo the old premises.

一脉相承
顺德中心城区城市设计

Connected Identity – Urban Design of Shunde City Center

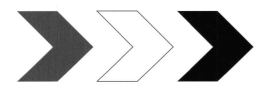

位置： 广东省佛山市顺德区
客户： 顺德区发展规划和统计局
项目概况： 总面积 4260 ha，宏观城市设计 2960 ha，旧城改造策略性研究 910 ha，近期实施深化城市涉及范围 390 ha
主管合伙人： 大卫·希艾莱特
项目建筑师： Bauke Albada
设计团队： Tim Cheung，Anthony Lam，Arthas Qian，Jue Qiu，Rebecca Wang
合作伙伴
交通与水文顾问： WSP：Victoria Ng，Jason Yang，Craig Wright
可持续发展设计顾问： YRG：Narada Golden，Karin Miller，Lauren Yarmuth
模型制作： RJ 模型 Alam Chiang，Sean Wang
图像制作： 丝路数码 Flower Chow，Eric Ho

　　"一脉相承"是 OMA 的顺德中心城区发展规划设计，以当地天人合一的特点为根本，保存并创造了多种联系：水网与陆地、自然与城市、风俗与创新、传统与未来。"一脉相承"将带领顺德继往开来。

　　顺德是珠三角腹地，其成功有赖工业与自然相互交融。近数十年，顺德由农耕社会发展成重要工业城市，但仍保存了以桑基鱼塘闻名的自然环境。顺德如今正转化成以企业总部为特色的现代服务业中心——"一脉相承"的基地正处此中心。

　　创作一个地方的新特色并不等同抹煞原有特点，却反而可以为当地添上新意义。"一脉相承"赋予顺德作为现代服务业中心的新角色，同时保存当地的工业及自然环境。此举令顺德得以继续蓬勃发展，保留并创造出带来归属感的公共空间。

　　"一脉相承"由三条不同主题的轴线组成：政府及文化轴线、商业轴线及生活轴线，有条不紊地连接多个项目功能，包括住宅、商业、政府、文化及自然。每条轴线亦连接具特色设计的自由公共空间，融合顺德居民日常生活。

政府及文化轴线

　　此轴线以政府总部为首，以新地标容桂大厦作结，联系大良及容桂，贯穿未来的现代服务业中心。轴线由南至北，高密度地容纳了各种项目功能。

　　轴线北部是桂畔湖，该地区将发展成综合休闲区，为顺德市所有居民服务。湖畔的项目功能包括度假村、水上运动、酒吧、餐饮及一个水疗中心。一条步道紧密连接桂畔湖与周边环境，把现有的设施整合成一个整体休闲区。

　　两条高架路将桂畔湖和碧桂路东侧新建的

湿地高层住宅相连。湿地是桑基鱼塘村落原本所在，高架路保存了村落，同时湿地得以进化成适宜城市居住的地区，以应付人口膨胀带给城市的压力。

碧桂路南侧是德胜新区，我们根据当地现有规划，植入了架空行人步道和丰富的带状地景，使顺德有别其他千篇一律的城市。带状地景延伸至大良东部，形成和顺德学院站相连的滨水商务带，而滨水住宅区沿德胜河而建。新城建设充分利用了顺德传统的水网元素。

德胜河心的双岛对联系南北两岸的协同发展至关重要。我们采纳不同手法处理双岛：位于政府及文化轴线上的顺风岛将成为一个热闹的都市聚点，供多种文化及体育活动。岛的正中是一座50 000 ㎡的多功能会展中心，可以通过地铁便捷到达。一座以综合饮食广场为亮点的建筑将岛与德胜河北岸直接相连，从饮食广场可欣赏岛上的水幕电影或者体育赛事。这座建筑还与客运码头相连，成为顺德水路上的门户。东边的大汕岛会维持其原生态，成为都市的郊野公园。

德胜河南岸的容桂是顺德总部经济的核心，"一脉相承"活化眉蕉河两岸工业区将其打造成为可以容纳企业总部的空间。德胜河南岸也是容桂大厦新址，作为顺德未来最高的建筑，容桂大厦塔身由下至上垂直的布置了码头、餐饮、酒店、住宅及观景平台，以一个空间上的强音为城市轴线谱下结尾，预言未来的强劲发展。

商业轴线

轴线贯通学院站、容桂大厦及容桂站。第一代和第二代产业的建筑及为崭新商业而建的设施共存，尊重当地历史，同时培养创新精神。

生活轴线

轴线由东而西，有条不紊地编排了基建、住宅、商业、文化、政府项目功能、以及供大众享用的自然公共空间，象征当地一直以来的生活片段——生机与发展一直不断进行。

网路

在政府及文化轴线以及生活轴线的相交点，是融合都市发展与自然的特别节点。顺德自然纯洁的水网联系当地的城市发展及自然环境。一个顺应发展逻辑的网络联系着顺德的功能性及自然，为当地现有的特色不断增值。

一脉相承——顺德中心城区新角色

政府及文化轴线以政府总部为首，以新地标容桂大厦作结，联系大良及容桂，贯穿未来的现代服务业中心。

Government and Cultural Axis, marked by the Government House as the head and Shunde's new landmark – Ronggui Tower – as the tail, connects Daliang and Ronggui.

桂畔湖——环湖休闲
Guipan Lake – Lake Lodge

Location: Shunde, Guangdong, PRC

Client: Development Urban Planning And Statistic Bureau of Shunde

Site: Total area 4,260 hectares, macro scale urban design 2,960 hectares, urban design of post industrial development at strategic planning 910 hectares, emphasizing area for near term development 390 hectares

Program: residential 9,008,500 m^2, commercial 4,126,000 m^2, mixed use 4,792,000 m^2, hotel&resort 117,600 m^2, Sports 42,000 m^2, Expo 50,000 m^2, R&D 1,595,800 m^2. Total plot area, 9,181,000 m^2

Partner in charge: David Gianotten

Project architect: Bauke Albada

Team: Tim Cheung, Anthony Lam, Arthas Qian, Jue Qiu, Rebecca Wang COLLABORATORS

Marine and Transport: WSP: Victoria Ng, Jason Yang, Craig Wright

Sustainability: YRG: Narada Golden, Karin Miller, Lauren Yarmuth

Models and Visualization:

RJ Models: Alam Chiang, Sean Wang

Silkroad: Flower Chow, Eric Ho

Connected Identity – OMA's design for the Shunde Masterplan – is built upon Shunde's identity as a piece of land where people and nature harmoniously coexist. Connected Identity maintains and creates connections between water and land, nature and city, rituals and innovations, tradition and future. Connected Identity carries the city's heritage forward to the new era and opens new possibilities for the future.

Shunde has been the essential hinterland for the Pearl River Delta's development. Its success hinges on the seamless integration between development and nature. Over the past decades, Shunde has transformed from an agricultural area into an important industrial city in the region, while at the same time maintaining its unique identity as a piece of well-preserved nature renowned for the mulberry fish ponds. The rapid development of various industries in Shunde in the 21st century has put the Chinese city under spotlight, making it one of the ideal locations for international investors aiming to set up their businesses in China. Shunde is developing into PRD's most innovative and modern services hub. The site of Connected Identity is where this future services hub lies.

A place's new identity could be created by displacing the old one, or simply by adding another layer to the existing identity. Connected Identity takes the latter approach: it adds new identity as a modern services hub to Shunde, while maintaining both the industrial and natural aspects of the city. This allows Shunde to continue its rapid development, and at the same time creates an open space that Shunde people could associate with.

Connected Identity has three axes characterized respectively by three themes – the Government and Cultural Axis, the Business Axis, and the Daily Life Axis. The axes connect the projected program elements – residential, commercial, governmental, cultural and natural – each with its own sequence and emphasis. Each axis also connects open areas, with specific programs or without, where Shunde people could enjoy as part of their daily lives.

Government and Cultural Axis: This axis, marked by the Government House as the head and Shunde's new landmark – Ronggui Tower – as the tail, connects Daliang and Ronggui, running through the future services hub. From north to south, the axis connects a variety of programs with density.

At the north of the Government and Cultural Axis is the Guipan Lake to be developed into an integrated leisure area that serves the entire city. Along the lakefront are programs including resort villas, water sporting activities, bars, restaurants and a spa centre. A walkway running through provides a better interconnection between the lake and its surroundings, incorporating the existing facilities and new programs into a holistic leisure area.

Two elevated roads will link up the lakefront and the newly developed high-rise residential area of the wetland to the east of Bigui Road. The wetland is where the existing low-rise mulberry fish ponds area is situated. With the elevated roads, the wetland park could be transformed into a livable area to accommodate the rapidly growing population of the county, while the existing fish pond context is preserved and used by the public.

The Desheng New District lies at the south

Connected — the new identity of Shunde

of Bigui Road. With reference to the existing planning, elevated pedestrian walkways and strips of rich landscape are injected into the area, enabling Shunde to stand out from other monotonous urban cities. A landscape strip extends to the eastern part of Daliang, comprising the waterfront business belt connected to Shunde College Station. Waterfront residential programs are placed along Desheng River. The urban construction fully exploits Shunde's traditional water element.

Dashan Island and Shunfeng Island on Desheng River play a major role in the strategic connection between the northern and southern banks. Different development strategies for the islands are adopted: Shunfeng Island on the Government and Cultural Axis will become a lively urban focal point for a diversity of cultural and sports events. At the centre of the island is a 50,000 m^2 multipurpose convention centre, with convenience access by metro. A commercial building featured by a grand food and beverage plaza, overseeing water curtain movies and sports activities on Shunfeng Island, connects the island directly to the northern bank of Desheng River. The plaza also connects with the passenger pier, creating a water gateway to Shunde. Dashan Island on the east side will remain unchanged as a serene park in the bustling city.

Located on the southern bank of Desheng River, Ronggui is the heart of Shunde's Headquarters Economy. Connected Identity revitalizes the industrial areas on both sides of Meijiao River, which will become new homes for headquarters. At southern bank of Desheng River is also the 300 m Ronggui Tower – the tallest tower in Shunde when completed. Programs including piers, food and beverage facilities, hotel, apartments and a viewing deck will be vertically injected into the tower, from bottom to top. Ronggui Tower is an accent on a note, which ends the Government and Cultural Axis at its pinnacle and anticipates a bright future of Shunde.

Business Axis: This axis connects Shunde College Station, Ronggui Tower and Ronggui Station, forming the business backbone of the development. First and second generation industrial buildings and modern structures for new forms of businesses coexist on the axis, paying tribute to history and nurturing the innovative spirit.

Daily Life Axis: This axis runs from east to west, where infrastructural, residential, commercial, cultural and governmental program elements that aligned in an organized sequence without being mixed together. Natural open spaces align the axis for the public to enjoy. It is an axis that symbolizes daily life of Shunde throughout history – composed of activities and developments one after another.

Network: At nodes where the axes intersect, unique points of that integrate urban development and nature are created. Waters of Shunde, natural and pure, serve as the major element connecting the new city developments with Shunde's natural landscape. A logical network, which connects the functional and natural aspects of Shunde, is created, constantly adding to the existing identity of Shunde.

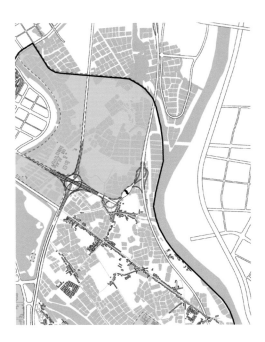

绿茵景园工程有限公司
Evergreen Landscape Engineering Co.,Ltd

成都 · 北京 · 上海 · 重庆
CHENGDU　BEIJING　SHANGHAI　CHONGQING

Achievements Starting from Perseverance, Quality Originating from Profession

成就始于执著，品质源于专业

　　绿茵景园工程有限公司作为中国境内专业从事环境景观工程设计与施工的企业，以卓越的专业品质取得了风景园林设计乙级和国家二级城市园林绿化资质，入选园林绿化协会会员单位，《中国园林》、《景观设计》的理事单位，多年蝉联最佳园林景观企业，2008 年跻身于中国景观建筑 100 强企业之列，已发展成为中国一流的景观设计、施工营造商。1998 年，绿茵景园开始创业历程，这个充满无限生机和活力的团队经过十多年的蓬勃发展，先后在成都、北京、重庆、上海成立四家公司，业绩遍布四川、贵州、云南、陕西、山东、山西、安徽、福建、新疆、北京、重庆、上海、天津等省、市，现已在国内完成各类大中型设计施工项目 1000 余项，设计年产值超过 6000 万元，施工年产值超过 25000 万元，由绿茵景园设计和施工的项目精品佳作不断且在业界好评如潮。

CELEC

成都高新区永丰路 20 号黄金时代 2 号楼 2F/3F
电话：028-85142661　　85142665　　85142667
传真：028-85195002
中国绿茵景园网　www.chinacelec.com
E-mail：cdcelec @ vip.163.com

服务内容：
风景旅游区景观规划设计
中高密度居住社区景观规划设计
度假别墅区景观规划设计
中密度居住社区景观规划设计
商务空间景观规划设计
市政景观规划设计
综合性公园景观规划设计
城市空间景观规划设计
娱乐空间景观设计
工业景观规划设计

HANCS
Landscape Planning

上海月湖國際雕塑公園

台灣羅東運動公園

瀚 世 景 觀 規 劃 有 限 公 司
HANCS Landscape Planning Co.,LTD.
www.hancsgroup.net
California Taipei Shanghai

深圳文科园林股份有限公司

风景园林设计甲级　城市园林绿化一级

高薪诚聘：设计所所长　设计总监 详见公司网站

深圳文科景观规划设计院：
地址：深圳市福田区滨河大道新洲十一街中央西谷大厦21层　邮编：518048
网址：www.wksjy.com　电话：0755-36992118　传真：0755-33063736

深圳文科景观规划设计院华西分院：
地址：重庆市北部新区金开大道西段28号附2号-2（302房）　邮编：401121
网址：www.wksjy.com　电话：023-88165333　邮箱：e-mail@wkyy.com

运河岸上的院子
——泰禾红御西区六栋大宅

THE COURTYARD ON THE CANAL BANK

the Six Villas on the West of Qin He Hong Yu

项目信息

项目地址： 北京 通州区
项目面积： 1.2 万 m²
施工单位： 北京天开园林绿化工程有限公司 .

01 工程概况

　　运河岸上的院子是"泰禾—运河"项目 2011 年完成的大宅院别墅绿植景观工程，总面积约 1.5 万 m²，其中 5 814m² 的绿化是由北京天开园林绿化工程有限公司承接完成。项目依托京杭运河临水而建，中西式园林建设手法的融合让整个庭院呈现出水岸花园般的效果。景观工程包括庭院小桥、花架、水景（含水池、给排水管道及设备安装）、地面铺装、庭院电气照明、景观凳、景石、景观遮阳扇、小品、雕塑、草地、乔灌木及色块时花、喷灌系统、喷泉系统、道路、铁艺、植草井盖、雨水箅子等，形成软硬景结合、亭台楼阁交相辉映的园林模式，同时讲究自然气息的景观特点，印证了天开园林"虽由人作、宛自天开"的造园理念。

**THE COURTYARD ON
THE CANAL BANK**

02 造景模式

别墅区优美的景观和丰富的植物生态群落，使冰冷的建筑及硬质铺装软化到浓密的植物群落里，同时也让生硬的曲线和尖锐的外景融化到绿色美景之中。

西区六栋大宅绿植项目对不同的区域采取不同的植物配置模式，具体体现在以下几个方面：

1. 街区模式

街区景观讲究整体的丰富度与浓密度，使建筑在软景中油然而生，体现出源于自然的建筑之美，提升别墅的品味和档次。

街区植物充分利用乡土树种，在很短的时间内创造出了最优质的景观效果，植被旺盛，高低层次搭配得当，线条自然，充分体现出自然式园林的独特景观及美感。

2. 样板小院节点处理模式

样板小院的主要特点是精致和植物的多样性，同时考虑植物景观效果的长期性。因此施工中注重细节的处理，力求每一处节点景观都能成为一个重要的亮点，多个节点又能有序地成为一个组合。

在户户有水的造园理念指导下，形成了丰富的自然水系景观。师法自然使得整个住宅区最后形成了"绿水绕人家"的园林景观。

3. 疏林草地模式

疏林草地模式是模仿自然界植物的生长形式，并适当修正自然界植物的生长形态和规律，再添加一定的植物造景原理，使自然式园林植物造景得以良好实现。该项目中的疏林草地造景需考虑的条件包括：地形、植物的物种和密度、植物配置效果、草坪和灌木层的整体线条和美观、雕塑和叠石等的搭配。

在景观塑造过程中，根据现场状况不断分析、研究、修正图纸，实现更恰当的高低层次、色彩搭配和灌木的曲线美。

03 师法自然，和谐发展

在设计和施工完善的过程中，需要充分考虑环境与人的因素，并使之达到高度的和谐，让建筑和景观服务于人居，充分实现人与自然的亲密接触。只有科学地进行植物选材，才能更加充分的发挥植物的特性，构成和谐的生态美景，提升居住区的环境质量，更加有利于经济社会的可持续发展。

SHOWING THE MONDRIAN'S BRIEF ART
the Landscape of Chongqing Kangtian International Harbor

解读蒙德里安的
简约艺术
——重庆康田国际企业港景观设计

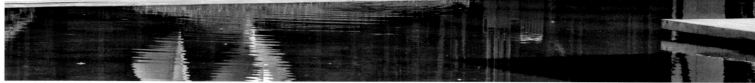

设计主题：

　　蒙德里安抽象几何主义——对蒙德里安简约设计的表现与解读。

　　蒙德里安作为几何抽象画派的先驱，与德士堡等组织"风格派"提倡自己的艺术"新造型主义"。认为艺术应根本脱离自然的外在形式，以表现抽象精神为目的的追求人与神统一的绝对境界，亦即今日我们熟知的"纯粹抽象"。

设计亮点：

直线几何

设计充分结合建筑的外轮廓尺度，以蒙德里安几何艺术为基调打造商务中心的简约景观空间。

水景—平台—建筑

每栋建筑体均亲水而立，结合木平台，自然清新，与周边的绿化景观，营造出现代商务办公空间的简约、快捷，彰显出亲和力、人性化。

榉树广场

婀娜多姿的榉树，耸立在企业港中庭广场上，树下的坐凳变换着摆放的方向，继续演绎着轻松和释然。景观节点上以直线性的开发空间合理设置，保证人流动聚散的同时又具备观赏效果。

光影

建筑、构筑物、小品、乔木、灌木等复合式组合。与天相接，与水相印，形成光影关系。水上的雕塑屹立、水下的雕塑虚实，为环境增加一份景致、增添一份细腻。

水景

设计用"静若处子、动若脱兔"来释义项目中对水的运用，动、静态的水景相结合，怡情逸景、相得益彰。

地形营造

微地形的营造在环境并不突兀，不经意间可以感受到地形的起伏跌落，映衬着企业港的景，为她增添一种韵感、一种悦动。

广场铺装

广场景观以蒙德里安《红、蓝、黄》为基调铺装地面，以体现色彩的变化和渐变为主要构成手段。

简约艺术雕塑

场地雕塑小品，以蒙德里安艺术特性作为装饰的方向，整体打造企业港现代商务的办公氛围。

标识牌

以形体构造专项设计的导示牌及企业LOGO等识别标志来体现广场的设计感与简约性。

SHOWING THE
MONDRIAN'S BRIEF ART

天开经典
十年见证

虽由人作
宛自天开

Masterpiece of Nature
Although Artificial Gardens
2003
2013 庆贺天开园林成立十周年　www.tkjg.com

天开园林
TianKai Landscape

规划/设计/工程/养护/苗木/石材/家庭园艺

长沙·湘潭·万镜水岸　项目实景拍

北京 / 上海 / 天津 / 重庆 / 成都 / 青岛 / 长沙 / 哈尔滨　天开园林咨询：4000-577-775　私家造园咨询：4000-615-0

圆明园十二生肖 "水力钟" 喷泉

　　"世界万园之园"——圆明园是清朝帝王在150余年间创建的一座大型皇家御苑。其中十二生肖水力钟位于圆明园最大的一处欧式园林——海晏堂，由意大利传教士宫廷画师朗世宁主持设计，清宫廷匠师制作，设计者考虑传统中国的民俗文化，以十二生肖的坐像取代了西方喷泉设计中常用的人体雕塑，是中西合璧的艺术结晶。

　　1860年，第二次鸦片战争中，英、法联军火烧圆明园，掠走了12个青铜兽首，致使这批国宝流失海外近150年，除去牛、虎、猴、猪、马5件生肖兽首铜像被爱国人士购买捐献国家外，兔和鼠首铜像为法国私人收藏家收藏。龙、蛇、羊、鸡、狗兽首至今下落不明。

　　自2003年以来，由圆明园管理处和美人鱼景观贸易有限公司联合，组织了20多名雕塑工匠，邀请多名雕塑专家参与开发，历经6年时间，成功复制出圆明园十二生肖兽首，在圆明园组织的专家鉴定会上得到了肯定，精仿的十二生肖实物被圆明园收藏，获得国家文物局颁发的"中华民族艺术珍品"称号，并收藏。

　　圆明园十二生肖水力钟喷泉适用于**高尔夫球场、旅游景点、人文主题公园、高级休闲会所、别墅区等场所**，使这皇家园林所独有的一景进入了高质量的人们生活中，处处迸发出古典、优雅、高贵的皇家气质。它集文物价值、历史价值、鉴赏价值于一身，既是身份和地位的体现，又能充分显示主人独特的艺术鉴赏力和高雅的艺术品位。

网址：www.jgtd.net／电话：0511-87236566／手机：013912108000／传真：0511-87236578
地址：江苏句容美人鱼景观贸易有限公司（南门转盘东）
　　　北京钟神秀文化发展有限公司（北京圆明园内）010-67187403／62628316

上海/金地格林世界.白金院邸
THE WORLD OF SHANGHAI JINDIGELIN

我们坚信：我们是您最好的选择

贝伦汉斯环境建筑师联合会成立于1972年，2002年在上海成立了上海贝伦汉斯景观建筑设计工程有限公司(简称"BHL")，公司坐落在上海杨浦海上海创意园内，由著名旅英景观师陈佐文先生出任亚洲区首席代表，致力于为全球客户提供专业的景观设计服务和规划设计咨询。

公司成立以来，先后在北京、天津、上海、长春、大连、呼和浩特等地完成了诸多项目，其中北京领秀、天津卡梅尔、长春力旺·弗朗明歌、呼和浩特阳光诺卡、金地格林世界白金院邸、天津水岸江南、鄂尔多斯东方纽蓝地均获得业界的认可和社会的好评。上海金地格林世界项目获得了"中国人居国际影响力楼盘"，长春力旺·弗朗明歌项目获得了联合国"最佳生态人居大奖"，天津卡梅尔项目获得了旅游卫视美庐天下评出的《最佳景观价值奖》和《最佳异域风情奖》。公司还在公共景观领域积极探索，以天津温泉度假村、天津天保湖滨广场、天津西站北广场等一系列作品中，展现其设计的多样性，对未来的发展充满信心。贝伦汉斯拥有三十多位优秀规划师、建筑设计师、景观设计师等专业设计人员，足迹遍布世界各地。每一个项目都呈现实用、高效、美观和以为人本的设计宗旨，以创造力和对自然的感悟塑造环境，为城市注入新的活力，为民众创造高品质的户外空间，提升共同的生活品质。在众多房地产开发商、旅游开发商及政府机构的高度认同下，贝伦汉斯正成为一支倍受瞩目的设计力量，创造出具有丰富文化内涵的生活新方式。

贝伦汉斯（美国）环境建筑师联合会
上海贝伦汉斯景观建筑设计工程有限公司
地址：上海市大连路950号海上海新城8号楼708室　邮编：200092
电话：021-33772906-211 传真：021-33772908

湖畔春秋

景观设计　　旅游度假项目规划　　市政项目规划　　居住环境项目规划　　公园及娱乐项目规划

History:
Fantasy international Design Group 是意大利得优秀景观建筑设计公司，进入中国市场为更好适应中国本土文化，特整合中国美术学院优秀的设计团队，成立了泛华易盛建筑景观设计有限公司。自2002年成立以来，凭借强大的专业阵容，多元的文化背景，多学科的专业组合，成为地产运营设计机构的领跑者。

Structure:
泛华易盛地产运营设计机构致力于整合策划、设计、资金多方资源，以设计为核心服务于政府机构和地产开发商。泛华易盛地产运营设计机构是一家是集"项目研究、投资咨询、旅游规划、景观与建筑设计、营销策划"五位一体的专业资源整合型研究机构。以旅游规划、建筑及景观设计等设计业务为依托，服务链延伸项目策划、项目开发运营与投融资产业相关领域。把不同专业、角色和资源融合在一起，利用先进的技术更好地理解和表达人与自然最本质的关系。

Goal:
公司目标：公司致力于在旅游地产、休闲地产、商业房地产以设计为核心，整合多方资源优势，使得土地和项目得到最大的价值体现。泛华易盛坚持"团队职业化、业务专业化、常年顾问化"原则。汇聚了房地产策划师、营销策划师、旅游休闲规划师、城市规划师、景观设计师、建筑设计师、投资银行经理等十余种不同学科及专业的精英人才，立志成为国内规模最大、专业配置最全面、创新能力最强的地产运营设计机构。

创造经典，成就品质。

中国杭州市西湖区紫荆花路2号杭州联合大厦A3-506　　Zip code:310012　　TEL:0571-88361370
Mobile:18868785777 13082841328　　E-mail:hzhouse@126.com　　www.fanhua.plushe.com

折叠式遮阳
Folding Shade

设计材料

供稿 & 供图 / 亨特欧洲公司

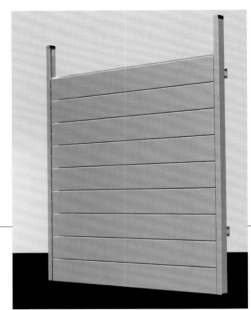

在最小能耗条件下实现空间的最佳热舒适度和视觉舒适度，要求建筑外墙、玻璃、遮阳系统、照明以及 HVAC 设备的合理组合。对建筑师来说，这是一项非常重要的工作。而在设计早期做出的选择，对建筑的节能应用有着非常巨大的影响。正确遮阳产品的选择应用能极大地影响建筑的微气候与视觉效果。通过有效减少进入建筑内部的太阳辐射量，遮阳产品可立即降低建筑降温所需的能源消耗。亨特开发的折叠式遮阳产品通过革命性的突破，为全电动建筑遮阳提供了一个独特而持久的解决方案。

革命性的遮阳产品

通过对直射阳光和白昼光的阻挡、传递和反射，亨特折叠式遮阳产品在优化调节室内光线强度的同时，保持了室外视线的畅通无阻。出色的灵活性加上精确的定位功能，让折叠式遮阳系统可实现从完全关闭、倾斜再到完全打开的最佳遮阳效果。它结构紧凑，无上下轨，特有的"倾斜 & 折叠"技术确保了大尺寸百叶的精确遮阳控制，这项独特的专利技术允许叶片以不同的角度倾斜至任意位置，并在必要时将叶片折叠起来，瞬间改变建筑外观。

精密的折叠式遮阳系统可与多种亨特标准百叶叶片组合应用，支持大跨度的遮阳设计。这种非常高效的遮阳解决方案，可适用于不同尺寸的窗户，甚至整个幕墙系统。无论处于何种地理位置，亨特折叠式遮阳总能为建筑及其使用者提供出色的遮阳表现。可随意调节的开合角度实现了最佳的光线射入和室内舒适度。系统可以单独控制，也可以集成于大厦管理系统之中，通过光线和风力传感信息输入实现集中控制。该系统的使用将大大满足建筑节能减排需求。

亨特折叠式遮阳产品的所有部件均按照最高标准设计制造，以满足产品耐久、可靠、安全等方面的要求。系统经过极端恶劣条件测试，被证明是一款高性能、低维修、适应性强的遮阳方案。其产品高度限定在左右双轨 3.5 m，包含折叠高度。宽度则与叶片的跨度一致，取决于当地风压条件下所允许的最大叶片挠度值。在常规尺寸 3*3 m 条件下，亨特折叠式遮阳所能承受的最大风压值为 1000 N/m。在叶片折叠时，这一数值可达 3000 N/m。在许多一般遮阳产品无法应用的恶劣环境，亨特折叠式遮阳产品仍旧能够照常工作。

折叠遮阳对建筑的意义

亨特折叠式建筑遮阳系统的应用对优化建筑性能和改善建筑外观有着非常积极的作用。通过电动调节叶片角度，它可以有效降低窗边光线强度，使之控制在可接受范围之内。而且，通过叶片的调节、将射入室内的光线反射到吊顶上，还可将光线引入室内深处较暗的地方，从而提升照明效果。在独特的倾斜与折叠的双重组合控制下，室内人员跟室外的视觉联系也得到了保证。产品精密的设计在保证恶劣天气条件下正常工作的同时，也实现了光线的全方位控制，从而满足各种不同需求。

折叠式遮阳系统藉由减少进入建筑内部的太阳辐射，为人们创造舒适的工作环境，同时减少空调的使用，降低建筑成本。此外，潜在的热量储存也可以通过折叠式遮阳的应用得到更有效的管理。冬季，百叶完全关闭时可以减少夜间热量流失；夏季，叶片打开或完全折叠则可以帮助降温。通过改变遮阳叶片的开合度，还可以实现空气流量的最佳控制。开合度的灵活变化不仅能够大大降低风力对外墙的侵蚀，

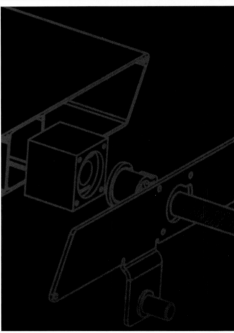

而且可以担当风力调节器，促进外墙表面通风和空气流通。

亨特折叠式遮阳外观时尚、结构紧凑，极富设计感染力。它的应用可以瞬间改变建筑外观设计，实现外墙与遮阳功能的无缝结合。当叶片完全关闭时，建筑将处于完全封闭的状态。这在一定程度上可以阻碍非法强行进入，因此能够有效提升建筑的安全性能。此外，亨特折叠式建筑遮阳的折叠功能便于外墙的清洁与维护，而无需使用昂贵的清洁设备。

智能化的控制系统

亨特折叠式建筑遮阳由双侧双垂直导轨和中间水平铝型材叶片组成。叶片两端由同速、同转的驱动系统控制。传动机构隐藏安装在垂直导轨端部，由同步电机驱动。电动系统的控制通过特别研发的控制器实现。大尺寸叶片由高速、安静（<55 分贝）的 IP44 电机驱动，可以在极端天气条件下正常工作。叶片异动则通过传动机制的转矩抗力得到有效防止。系统的双同步电机在一方不工作或卡住时会自动关闭，以确保系统结构不被破坏。

亨特折叠式建筑遮阳拥有数种控制系统，包括简单的单个开关控制到根据时间、太阳位置和天气条件工作的中央控系统。亨特还可以为客户提供特有的控制方案，用于控制特别设计任意遮阳产品组合。并且，这一系统可以通过感应器与 EIB/KNX 大厦智能控制系统相连，使之与大厦的 HVAC 和照明等系统形成联动。这些先进的建筑装置控制方式结合起来可以带来最佳节能效果。

木材
Wood

梁兴芳

木材是建筑、景观中很古老的一种材料，具有经济、实用、可塑性强、简单大方等优点，被人们广泛应用。

木材特有的色彩、纹理、质地等特点，可以打造出古典、现代、艺术或朴素等多种格调，表现或自然，或精细的特征，应用于房屋、家具、园林小品等建设中，如墙体、地板、长凳、亭台、雕塑等。现代很多滨水景观的地铺也都采用加工后的木材，与水、石、植被都可以很完美融合。

木材经现代生物、化学等技术处理后，生产出了更多具有不同功能和样式的建筑材料，如新型竹塑复合板材，具有无放射、无污染、不含甲醛、可循环利用的特点；药剂防腐木处理和炭化处理后的木材具有结构稳定、环保、耐腐、不易开裂、色泽自然等特点。

木墙板 ⋀　　木结构铺装 ⋀　　上海世博馆户外地板工程 ⋁　　　　　　　长廊木凳 ⋀

安徽森泰集团与国内知名高校合作自主开发研制新型环保节能绿色新材料，利用现代生物技术，采用专门配制的反应引发剂对竹废料进行预塑处理，生产出的新型竹塑复合板材，不含甲醛、无放射、无污染、可循环利用，已通过了ISO9001、ISO14001体系认证。通过了由INTERTEK公司根据美国ASTM标准所做的测试和欧盟的CE安全认证。

图片来源：安徽森泰集团
地址：安徽省广德经济开发区长安路北段
电话：0563-6989388
网址：www.sentaiwpc.com

超大木花架 ⋁　兰州工程 ⋁　　　　　国内最大木塑单体工程施工现场 ⋁　甘肃张掖湿地公园 ⋀

wood

松木类材质有俄罗斯樟子松，美国南方松，美国花旗松，北欧赤松（芬兰木）等；
硬木类材质包括柳桉、菠萝格、山樟木、巴劳木、南阳红木等；
天然防腐材有加拿大红雪松、桧木等
加工工艺包括，药剂防腐木处理和炭化处理。
防腐木药剂先主要包括 ACQ 和 CCA 两种。炭化处理主要分为表面炭化和深度炭化。

红雪松 ︽

菠萝格 ︽

上海沛迪景观木业有限公司从事木材防腐处理的研究与生产、销售及木结构设计安装等业务，其
选用的上等优质木材，严格按照美国防腐协会 AWPA-2006 UC3B 等级标准、日本（2002）标准生产，
确保在户外使用 30 年以上。产品均通过广东省林业科学研究院及国家木材节约中心检测合格。

wood

芬兰木 ﹀　　︽ 上海世博会户外红雪松地板、亲水平台　　　　　　　　　　木屋 ︽

图片来源：上海沛迪景观木业有限公司
联系人：文银蒙
联系电话：13262296149 021-69892408-8006
传　真：021-69892408-8009
公司地址：上海市嘉定区沪宜公路 1188 号南翔智地 20 栋 108
上海工厂：上海市嘉定区宝园九路 139 号
昆明工厂：昆明市官渡区彩云北路新南站
满洲里工厂：内蒙古满洲里五道街能达公司
公司网址：www.168pd.com

何文辉：水域环境生态 修复技术

何文辉

上海海洋大学生命科学与技术学院环境系教授，硕士生导师，
太和水环境科技发展有限公司董事长。

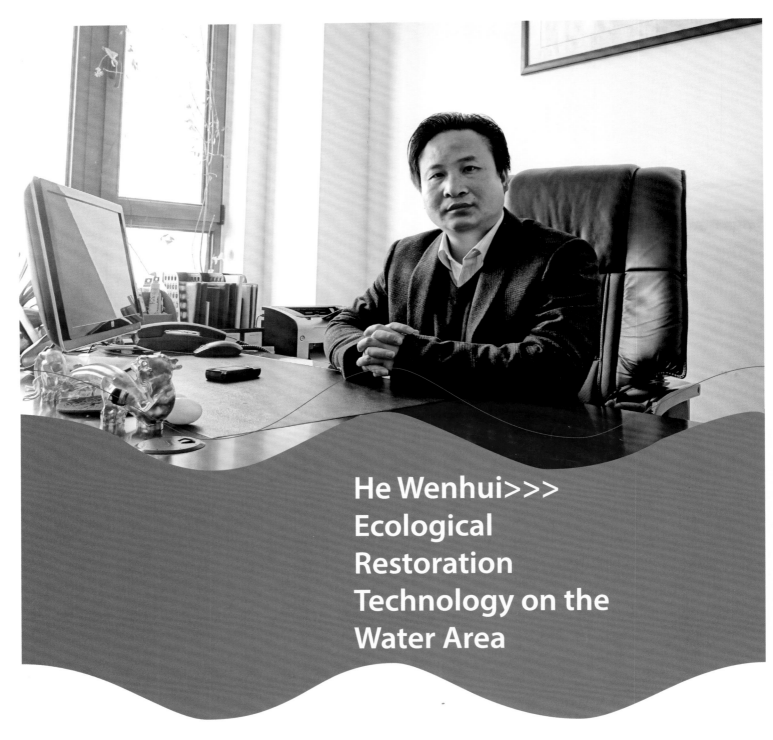

He Wenhui>>>
**Ecological
Restoration
Technology on the
Water Area**

COL: 当前普遍存在的水体黑臭现象是如何产生的？针对当前水体污染状况，请您谈谈太和科技的治水思路？

何文辉： 应该说当前我国水环境面临的主要问题是水体富营养化，包括湖泊、河流等。其主要原因是大量的生活污水、工业污水以及农田回流水等排入，特别是大量的氮、磷营养物质的排入，导致水体富营养化严重，甚至发生蓝藻水华，严重的，比如城市的河道，出现发黑发臭现象，对人们的生活和健康产生影响，成为我国经济的可持续发展的瓶颈。而要解决这个问题，或者说从根本上解决这个问题，首先要进行截污，然后在这个基础上，对污染水体进行生态修复，恢复水体原本的健康的生态系统，真正解决当前我们面临的水环境问题。而我们太和的核心专利技术，是利用"食藻虫"引导水下生态修复技术，对污染的水体进行生态修复，希望对我国水环境的改善做出自己的贡献。

众所周知，自然界中的水不是单纯的 H_2O，它是与其他水生植物（沉水、浮叶、挺水植物）、水生动物（鱼、虾、螺、贝等）和它的访客（昆虫、鸟类）以及我们不易察觉的水生浮游植物、浮游动物和看不见的微生物等共同组成的生命体。

当外来污染加重，特别是氮、磷营养物质大量输入水体后，会促进水中藻类，特别是蓝藻的大量繁殖和生长，甚至产生水华，比如太湖 2007 年发生的"水华"事件。当水体中的藻类成为水体的统治者时，藻类就像癌细胞一样，剥夺了其他物种的生存权，失去生态平衡的水体就像患了癌症一样，生命垂危，甚至出现水体黑臭的现象。

传统治理方法，如投加化学药剂，在消除藻类的同时也危害了其他物种，就如同对有癌细胞的器官统统采用切除的方法一样，生命只能延长有限的时间，却再也无法恢复生机，无法从根本上解决水体污染问题。

我们太和生态修复技术，利用"食藻虫"滤食藻类、有机悬浮物、碎屑等，迅速提高水体透明度，然后快速恢复或者构建水体的一个完整的生态系统，这样，从水生态系统的结构和功能、系统的完整性、生物多样性等角度，帮助水体恢复其各种必备的器官，建立自身免疫力与自净力，从而达成水体的长期清澈，并绽放其生命旺盛之美。

经太和科技治理的富营养化水体，可以达到水质清澈、水下景观优美、长期有效的效果。水质主要富营养指标，如总氮、总磷等基本上能从劣五类水质转变为国家地表水四类、三类水质标准，甚至个别指标达到国家地表水一类水质标准，水体透明度达到 1.5m 以上。

COL： 该水体生态修复技术可适用于哪些水体？

何文辉： 该水体生态修复技术现已运用到城市污染河道生态修复、地产景观水体生态修复、城市景观水体生态修复、中水深度净化、大型水库、湖泊及饮用水源地的生态修复方面，水体经生态修复后水质明显改善。

COL： 太和水环境的工程技术核心是什么？，但是用来净化水体的食藻虫是否是外来物种，外来物种入侵会不会造成另外的生态危机呢？对这种可能性太和水环境是如何控制处理的？

何文辉： 我们太和科技核心专利技术之一："食藻虫"生态修复技术，"食藻虫"是一种大型枝角类浮游动物（Daphnia）—大型蚤（Daphnia magna），是一种低等的甲壳类浮游动物，是虾蟹类的祖先，是一种广布种，在全世界各种水域都有存在，不存在外来物种入侵这个说法。而且其本身蛋白质含量很高，而且富含 DHA 和 DPA，是鱼类、虾、蟹等的天然饵料，更不会造成什么生态危机。

经过我们长期的（近10年）驯化和改良，食藻虫比自然水体中的个体增大（一般体长在 4-6mm），硝化蓝藻的能力大大增强，能够大量摄食蓝绿藻、腐屑、悬浮物与有害菌类，同时，其本身又是鱼、虾、蟹等水生动物所喜爱的食物，这样就打通了水中的食物链。这样通过食物链的转化，有效地达到了控制蓝藻的目的，从而使水体的藻类污染得以根治，维系水环境中正常的代谢和产能循环。

COL： 当前做水环境修复的企业很多，您能谈谈您和其他的企业相比，您的技术优势在哪吗？

何文辉： 太和水环境水域环境生态修复的技术优势有以下七点：

（1）采用生态法，见效快，且无生物副作用，不产生二次污染。通过食藻虫迅速提高水体透明度，修复水下森林和水下草皮，而且食藻虫是最低级的初级消费者，处于食物链的底层，任何杂食性和肉食性的动物都可以以它作为基础饵料，不存在任何生物安全问题。

（2）形成水下生态景观。通过改良的四季常绿型沉水植物可在各种水域存活，具有耐污染、耐冲击、耐缺氧状态、耐高温、耐低温等特性，彻底解决了沉水植物难以存活的世界性难题。

（3）治理效果好，可直接将劣V类水通过生态治理达到Ⅲ类草型稳态清水。

（4）整体施工方便。无需净水设备，无需设备间，解决了传统设备间铺设各种管道之难题。

（5）后期维护方便，且维护成本低。后期维护无需大量用电，无设备维修，无需持续投入药剂或微生物，只要简单地收割水草，捕捞鱼类即可。

（6）综合成本低。此法完全依靠生物与生物之间食物链接关系，形成生态系统良性循环，能源主要靠太阳能和少量电能增氧维持。

（7）水质的长期维持。应用食藻虫引导的水下生态修复技术处理后的景观水体，一旦建立"食藻虫——水下森林"共生生态，将形成一年四季水质稳定、水生植物四季常绿、自我稳定的水生态系统。

COL： 水体的生态净化工程的时间流程较长，在初步达到净化效果后，如何有效的维护净化效果？其代价成本会不会过高？

何文辉： 水体生态修复工程的不是流程长，流程我们已经规范化、标准化，主要是维护恢复的生态系统的时间周期较长，需要我们从水体的颜色、水质、水生动植物的状况来分析水体生态系统的变化情况，做好预控和调整工作。坦白讲，维护成本其实不高，但是技术含量较高。

水生态修复技术路线图

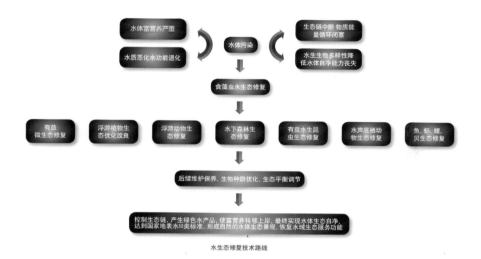

水生态修复技术路线

公司治理的各类型水体的典型项目

01 | **万科成都五龙山小区**

面积：23 000 m²   水深：3.5-4.0 m

修复后水质：水质主要富营养指标总氮、
总磷等达到国家地表 Ⅲ 类水标准，水体透
明度达到 3.9 m。

02 | 上海古猗园

面积：17 000 m²　水深：0.8–2.2 m

修复前水质：水体为严重超标的劣 V 类水，透明度仅 0.4 m。

修复后水质：水质主要富营养指标总氮、总磷等达到国家地表 Ⅲ 类水标准，水体透明度达到 1.9 m。

03 | 上海段浦河

面积：25 000 m²　水深：1.5–2.5 m

修复前水质：劣 V 类水，水体发黑发臭，透明度仅 0.3 m。

修复后水质：水质主要富营养指标总氮、总磷等达到国家地表 Ⅲ 类水标准，水体清澈见底，透明度达 2.5 m。

04 | 肇庆市委大院

面积：一期：3 700 m² 水深：平均深度 1.5 m；

施工期间：2012 年 4 月—8 月；

修复前水质：为严重超标的劣 V 类水，透明度仅 0.4 m；

修复后水质：水质主要富营养指标总氮、总磷等达到国

家地表 Ⅲ 类水标准，水体透明度达到 1.2 m。

05 | 公司实施的其他典型项目

保利南宁山渐青

杭州西溪湿地洪祠湖

太湖水生态修复示范

万科东莞松湖中心2号湖

万科东莞建研基地

万科长春惠斯勒小镇

张水秋

北京中奥雕塑环境艺术有限公司、北京中雕鼎艺雕塑景观工程有限公司总经理及艺术总监。2008 年奥运会雕塑创作与制作中获北京市文化局颁发的荣誉证书。

**Zhang Shuiqiu >>>
the Dream and
Persistence on the
Handmade Sculpture**

张水秋：手艺的坚持与梦想

COL: 您最早做的景观雕塑是什么项目？

张水秋：我们最开始做的景观雕塑是 2003 年中关村科技广场的艺术出入口和通风口，和中央美院的秦璞教授合作，他设计，我们帮他实现。不过，最开始人们总是觉得雕塑这些艺术的东西在景观中应用会使成本过高，因为一个雕塑的造价可能与整个绿地的造价不相上下，但国外好的景观都会有很多艺术性很强的雕塑。

COL: 建筑艺术和景观雕塑艺术有没有什么区别？

张水秋：我觉得景观相对于建筑是一种更加讲求艺术的作品。现在景观越来越讲求艺术性，成本投入也有很大提高。比如，前几年国外业主让我们做雕塑的底座，就会用到两公分厚的不锈钢板，但国内业主则更多会让我们用铁板做底座。不过，近两年我们承接的一些公共设施的椅子就会

用到一公分的不锈钢板，这个成本其实就已经很高了，但效果也很好。最开始我们和秦璞教授合作中关村艺术出入口的景观雕塑，风格相当现代，甲方在成本上也很支持，最后我们做出来的作品在现在看来都很具设计感，通风口是一个不锈钢的架子，上面是玻璃，喷着一些代表中关村科技性的电子符号、条码等。

COL: 现在在雕塑方面，甲方和设计师、施工方在作品表现和投资上是如何协调的？

张水秋：现在很多甲方都很尊重设计师的思想和作品。比如我们现在在北京西山产业基地和朱育帆教授合作的一些作品，甲方很认可。因为要表现出一些特殊的形状，机器无法完成，只能纯手工打造，尤其是一些细节的处理。最后的效果甲方非常满意，但成本上还是会觉得高，因为很多地方用到不锈钢，但这种和传统的石头贴面砖墙的感觉很不同，不锈钢的现代感更强。

COL: 材质和工艺对雕塑的效果影响大吗？

张水秋：影响很大，现在很多景观雕塑需要有锈板效果，很多人用普通的铁板做锈铁处理，但我们接触的一些新型材料—考登钢，国内叫耐腐蚀钢，和普通钢材质不同，比普通钢板抗腐蚀性强七八倍，而且更重要的是它的锈发红，是经过特殊的化学处理，在钢板表面形成一层保护膜，可以更长久地保持雕塑原貌。在朱育帆教授的很多表现铁锈和特殊造型的景观设计中，考登钢的应用效果就很好。和朱教授认识后，他觉得我们的手工制作的确可以帮他实现很多大胆的设计，所以我们就有了很多愉快的合作。比如青海原子城项目中的纪念柱，朱教授对我们的成品很满意。因为

我们的工艺和普通的电焊、钢结构工艺都不同，我们专门做手工艺，在线条、接缝、表面处理等细节上都很讲究。所以即使材质相同，不同工艺表现出的效果也很不相同。其实这些都是打造完美效果的关键。后来我们又和朱教授合作完成了上海辰山植物园的栈道。辰山植物园是朱育帆教授负责设计，朱教授设计了很多特殊的形体，所以当时甲方找了几家施工方，都没有合适的。朱教授也认为实现的难度比较大，但仍建议我实地了解一下实施的可能性。当时我看到的现场是一个很深的矿坑，四周是很危险的陡壁，水深约 20 m。方案要求沿陡壁向下做一个旋转的栈道。经过实地勘察，我觉得虽然难度很大，但的确值得尝试。甲方经过慎重考虑，决定将这个项目的施工工程委托给我们。对于我们来说，这既是一种挑战，也是一种学习，最终我们顺利地完成了项目的实施。

COL: 这个栈道在材质上有无特殊之处？如何和您的工艺合理结合的？

张水秋：我们用到的材料主要是不锈钢和钢板。我们将整个栈道用钢板手工打造出不同单元的异形双曲线，然后再一截一截拼起来。外面是双曲线的装饰面，内侧和踏板都是不锈钢的材质，然后再都固定在墙上。我们专门请甲级设计院计算栈道的承受力，来确定踏板的厚度和支撑结构的强度。最后我们将支撑结构打进隧道 1.8 m，因为考虑到会有碎石掉下来，所以我们又将碎石打进去，再进行浇铸，这些难度都相当大，我们的团队人员非常勇敢，整个工程的操作面都在崖壁上，比较危险。后来的吊装难度也挺大，一共有六七截异形钢架，理论上 20 吨的吊车就可以吊动，但后来用到了 300 吨的吊车。因为车距离壁太近的话，操作就有将石头压塌的危险，所以最后依据定位、测量等数据分析，用 300 吨的吊车更安全地完成了吊装任务。最后甲方在验收时，集合了 200 多人同时站在

上面检验栈道是否能够承重，结果非常理想。不过为了保险还是在入口设置了一个护栏防止人员过多。这个项目很成功，也非常感谢朱育帆教授给我们一个展现技术的机会。

最近我们又和朱育帆教授合作了新疆的一个项目，也是使用锈钢板作为主要材料。

COL: 近几年，城市雕塑类的业务有没有增多？

张水秋：这几年随着中国经济的提升，这方面的业务在逐渐增多，这也是大家认识在提升。大家在享受物质生活的同时，越来越注重环境和环境中的艺术。设计师大胆地设计，甲方愿意投资，那么我们接触到这些精品的机会就越多。我个人觉得这些都不是用价格高低能单纯衡量的，而是社会意义和人文价值大小的考量。

COL: 对于您先前完成的雕塑，有没有再去关注过它们后期耐久性的状态？

张水秋：有。在实施的过程中，我个人比较追求完美，都非常认真负责，后期也会不断进行维护和观察记录，以提升我们的技术。一个成功的作品我认为主要取决于两方面，首先是技术，这个是关键。其次是甲方的要求，这个就关系到甲方提供的成本和时间。

COL: 您做的这么多作品中，有没有过什么遗憾？

张水秋：我和艺术家合作了几百个项目，还是有一两个我至今都觉得有些遗憾。我觉得有很多方面的原因，主要是时间。尤其是前几年，工期都特别紧，但实在太紧的活我们会考虑不干，因为这些最终都是要实现出

Zhang Shuiqiu >>> the Dream and Persistence on the Handmade Sculpture

来给大家看的，干不好大家都会难受。

COL: 近几年您觉得雕塑有没有什么变化？

张水秋： 近几年就景观方面，设计师越来越多，设计特殊造型的作品也越来越多，但雕塑家和景观设计师在雕塑方面的表现还是有很多不同，比如雕塑家对形体和艺术的把握比较准确，但会忽视功能性，而景观设计师对功能性雕塑，如桌椅、灯具、景墙等的把握却相当不错。

COL: 您是以手工艺为主实现设计的，那么对于手工艺，您有没有新的突破？

张水秋： 在雕塑行业里，手工艺也需要与时俱进。仍以上海辰山植物园栈道项目为例，后期的很多工作都需要进一步深化，来更好地实现视觉上的效果，比如空间定位、建模、测量，这些我们都一直在学习。但现在我们还是有很多不成熟的技术，因为我们主要用 CAD 建模，实现中也用的是 CAD 数据，而景观设计师有时会给我们三维的电子模型。近几年在我们和景观师的合作中也逐渐研究出了一些解决的办法。包括很多项目都是要求精确度非常高，但我们心里有底，甲方也敢让我们做，再加上好的设计师，所以结果就是比较成功实现的。

COL: 在细节上，您有没有遇到比较难处理的问题？

张水秋： 有。在确实处理不好的问题上，我们会和设计师商量，考虑换一种方式来解决或讨论如何避免这个问题，这些细节的问题都是在施工前要考虑的，否则会给施工带来很大的麻烦。很多时候，甲方会要求我们减少细节的投入，因为这涉及到造价。但是忽略细节往往意味着失去品质。

COL: 国外对这些细节的处理有什么不同吗？

张水秋： 国内，手工作品尽管越来越贵，但仍然比国外便宜。所以美国有很多的设计在中国完成，然后再运回去。就像我们前两年承接的美国的订单，都是要放在集装箱里托运的，所以都不大。但即使有运输的问题，他们也愿意投资，他们更多要求的是把作品做好。

在国外很多都是用机器制作完成的，但复杂的异形设计较难实现。不过他们的抛光表面处理和喷漆都做得特别好，而且耐久性也较好，我相信国内也会逐渐学到这种技术，不过这些造价都较高。一方面是经济的原因，我相信不久后这些都会提升的，而另一方面是标准化，现在还没有一个比较统一的标准。比如我做不锈钢桌子，焊出后通常都找不到接缝，但若技术不到位的话，接缝是很明显的，这些很大程度上都是取决于细节的。

COL: 除了刚才谈到的不锈钢景观、建筑雕塑，您还承接一些锻铜壁画，这和铸铜有什么区别？

张水秋： 铸造通常比较厚，成本也较高，适合写实的人物塑造。而锻造的装饰性较强，比较简单、轻巧，讲究线条，成本低。如先前我做的一些锻铜菩萨作品，包括山东兖州的 11 尊佛雕塑，3 尊 18 m 高，8 尊 8 m 高。

COL: 您有没有考虑锻造出来的东西更细腻或更容易些？

张水秋： 实际上，我们一直在考虑能不能机械化施工，但要想做好、做出特别的作品，仍然需要手工一点点打磨。而且在做的过程中还需要具体问题具体分析，比如网孔的大小、棱角的处理，既要体现线条的魅力，又要考虑安全性。我觉得国外确实有很多值得我们学习的东西，我们也应该更多地向他们学习，制定出标准，来说明如打磨应该到什么程度，90°尖角应该如何处理等，都最好有一个标准。

COL: 您对自己企业的未来前景有什么样的规划？

张水秋： 具体的前景没有想很多。我们只是希望用我们的手工业在建筑业、景观业有更多、更好的作品，这既是对建筑、景观表现的提升，也是对自身成就感的提升。

李卫：雕塑是艺术、文化、社会的

平衡与融合

李卫

广州美术学院雕塑专业学士，上海大学美术学院具象雕塑专业硕士，中国雕塑学会会员、中级环艺师、中国工艺美术学会雕塑专业委员会会员，获《城市雕塑创作设计资格》证书。

Li Wei>>>
Sculpture Composites the Art, Culture and Society

COL: 能谈一下您作品的设计灵感大多来源于哪里呢？在新设计理念、新元素、新材料、新技法的应用上都有哪些新的突破？请您举几个经典作品进行说明。

李卫： 灵感是创作思绪与创作目标在心灵上的契合点，我认为我的灵感源自对事物的认知。有句话叫"艺术来源于生活"，雕塑创作无疑是一门艺术，作为一名雕塑家，要对生活中出现的事物有着更深层次的认知与独到的见解，这样才能从生活中寻求灵感。就像在我们公司的创作作品中，多数是有方向性和命题性的主题雕塑，这种认知就会帮助我们更好地选取可用元素，运用恰当的形体与空间造型来诠释雕塑的主题。例如：我们公司近期落成的大型主题雕塑《九夷之尊》，主创雕塑家刘丛韬，就是很好地把传统文化符号提炼升华，结合现代的艺术设计理念呈现出东夷文化的精髓。另一标志性雕塑《晋茂情》，是雕塑家冉光号针对山西援建 5·12 地震灾区四川茂县的情况，通过一只奏响的羌笛借物抒情，用大写意的手法传递着人间真情。这些作品都加入了亮化元素，使雕塑夜晚的效果更佳。这也是新近的设计趋势。

COL: 我们了解到贵公司的作品遍布全国并且风格各异，那么从设计到施工在与各当地人员沟通的过程中会遇到哪些问题？

李卫： 由于地域文化差异与接受度的不同我们会遇到一些问题，但只要双方愿意深入地了解与沟通，就都能得到解决。我们会在保持设计美感、满足对方需要和独特原创设计三者间寻找平衡点与融合点。

COL: 现在很多城市雕塑不能称之为作品，只能算是产品。有些雕塑家创作雕塑更像承揽工程业务，追求效益第一，您怎么看这个问题？

李卫： 出于雕塑家的责任感和艺术良知，这种现象的出现不禁让人寒心。的确，在商品经济发达的当今，各种产业层出不穷，艺术产业化的发展也从某种意义上拉近了艺术与人们之间的距离。但是即便这样，艺术的纯粹性不该由此减淡，艺术创作不该受到利益的驱使。我们不能完全将城市雕塑当做一种商品，它更是一门艺术，因为城市雕塑更多的是为了给予民众视觉上的美感，给城市形象增光添彩。就像我们公司即便是要增加预算减少收益，也不会让有艺术缺失的雕塑作品制作出来。

COL: 伴随城市建设的热潮，目前中国城市雕塑创作规模也很大，对此您怎么看？

李卫： 物质文明丰富的今天，精神文明建设也成为城市建设的重要部分，而城市雕塑正是城市精神的艺术体现。中共中央推出了推动社会主义文化大发展大繁荣的政策，并且积极倡导建设"美丽中国"的文化改革举措，所以城市雕塑创作规模的扩大化将成为必然。

COL: 您认为目前中国雕塑的前景如何？存在着哪些问题？怎样调整和完善？

李卫： 中国在城市建设上的发展受到了全世界的瞩目，城市雕塑也随着城市的发展而不断崛起壮大。设计理念上的多元化，历史元素的优越性，

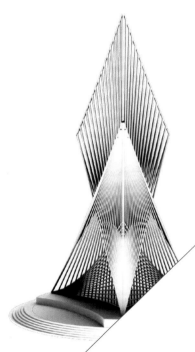

加上吸收西方艺术的精华和国家的政策推动，使中国雕塑设计行业的先驱者和艺术家们有了一个广大的舞台和坚实的艺术文化后盾。这种浪潮般的趋势将使中国城市雕塑行业逐步领先世界，最终引领全球。但同时存在的问题是，在效益当先的商品经济下，出现一些大而同、跟风、缺少个性和先进创作理念的雕塑。这极大地影响了前进的步伐，破坏了城市的艺术氛围，危害了行业的发展。为了遏制这种情况的发生，我们行业要联合起来，并和监管部门加强联系沟通，净化城市雕塑业，达到互相监督，发展共荣。

COL: 雕塑对景观行业甚至对社会起到了哪些作用？

李卫：景观讲究与环境的融合，通过巧妙合理的规划来体现另一种环境氛围，这种表达形式是含蓄的、后知后觉的。雕塑则可以融入景观，但它相对独立，有独立的形与神，起到画龙点睛的作用。这无疑为景观增添光彩，使景观的神韵聚拢起来，更为直观的展现，就好像芳草中的鲜花、馒头上的甜枣、婚戒上的亮钻，使得景观艺术得到丰富与升华，因此景观中融入雕塑将是景观行业的发展趋势。雕塑对社会的作用，集中体现在雕塑的艺术价值上。艺术给人以启发和震撼，通过雕塑作品让人们了解创作的意图。雕塑是三维空间的艺术品，这就更真实地展现了艺术，使其具象化。好的雕塑作品能够陶冶人们的情操，美化环境，体现城市形象，甚至体现国家与民族的精神。

上海第一坊　生态创意园
The First Palace Of Shanghai　ECO-CREATIVETY PARK

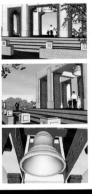

项目客户：中粮集团；中国人民银行；山煤国际；江西五叶集团；山西康宝制药；路劲地产；振业地产；招商银行；211重点高校；鑫茂科技园；天津市政府；宜春市政府；唐山市政府 •••

桑菩设计
SUNPO DESIGN

桑之以诗意•菩之以禅心•桑是土地的因•菩是人居的缘•处处东桑西柳•遍地桑野诗趣•桑菩引领世人诗意的栖居
2010最具设计创新影响力企业 •2011"海河创意奖" •2012年度艾景奖"优秀景观设计机构"

天津桑菩景观艺术设计有限公司创立于2003年，以南开大学综合学科优势为依托，集聚国内外知名高校、设计机构的创新设计专家、教授，在进行学术研究基础上以国际交流协作为平台，汇聚最新国际设计理念和技术手段，精心从事景观科研及项目的策划设计，是专业从事地景规划、生态景观设计及相关室内外环境设计的研究设计机构。其工作目标是保护原生态的自然景观、复兴人文地域文化之精华与环境的融合，祈向创新营造"文化景观"及与草木禽牲共存，遍地桑野诗趣，引领世人诗意的栖居的"育人景观"。

天津桑菩景观艺术设计有限公司
地址：天津市南开区长江道92号C92创意集聚区"6号大艺工场"
电话：022--87601066 传真：022--87601099 Email：sunpo2003@126.com 邮编：300100

东莞市岭南景观及市政规划设计有限公司

● **关于我们**

　　东莞市岭南景观及市政规划设计有限公司成立于2002年，拥有风景园林工程设计专项甲级资质（资质号A144007813）。

　　设计服务涵盖风景园林规划设计、城市绿地系统规划、市政道路广场景观、旅游风景区、高档别墅景观、居住区景观 环境等数个领域。业务立足东莞，遍及珠三角地区、辐射海南、山东、四川、重庆、湖北、广西、甘肃等十几个省市。

　　公司从打造学习型团队出发，吸引策划、园林、规划、建筑、结构、水电、管理等多方专业人才，逐渐成为一支设计行业精英团队。依托岭南园林集团数十年积淀，我们在景观设计、设计管理、施工衔接及细节把控等方面具有突出优势。

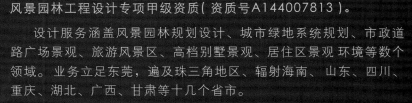

公司总部:广东·东莞·东城区光明大道27号岭南大厦　　TEL: 0769+23034255　　FAX: 0769+23030755

深圳分公司:广东·深圳·南山区华侨城东部工业区恩平街E4栋205　　TEL: 0755+26933080　FAX: 0755+26933030

DESIGN
北京都会规划设计院

北京都会规划设计院以中国农科院、北京市农林科学与北京农学院园林学院等三家教学、科研和设计单位的专业人士联合构建、相互协作开展景观规划设计、研究、教学的综合性机构。设计院众多专家学者具有丰富的理论学识和实际工作经验,曾承担农业部、国家科委(科技部)、北京市科学技术委员会和北京市自然基金委下达的多项科研项目。通过实现优势共享,以探究景观科学的深层运行原理,实现可持续的景观发展途径为目的,在积极开展理论研究的同时,保持和社会接触,承担了国内外多项景观规划设计、咨询、培训等方面的任务,并取得了较好的社会效益和经济效益,同时为社会培养了具有实战意义的景观设计人才。

设计院以创建美好城乡新面貌为己任,面对时代发展的新特点拓展传统学科领域,着眼城乡建设宏观格局提供有针对性地规划方案,得到了社会各界的普遍认可。

设计院在实践中,通过及时总结设计经验,先后出版了《园林设计》、《园林景观设计》、《景观工程》(面向 21 世纪课程教材)等专著和多篇论文,还担负劳动与社会保障部景观设计师培训任务,与北京大专院校和设计院建立了广泛深入的联系。多年来,在科研与推广的结合中,积累了丰富的经验,并有助于在实践中发现问题、研究问题、解决问题。

 理念

在这个远离自然又远离自我的时代,世上充满了各种人工的安排,用心的,我们称之为有设计。景观,从外在物象层面去理解,可以被看作人类在世上经过而留下的印迹。往深里看又能发现,为让一个美好世界产生,无数精英殚精竭虑、备受磨难。其中无数令人感佩的智识往往只能成为未现之景观而供后人追忆缅怀。这不免使人常常在心底轻轻地问上一句:"这个世界美好吗?"。或许正是这类疑虑成就了我们的存在:为天地立心,舍我其谁!借与诸位同道共勉!

李征

主要负责人

中国农业科学院高级工程师
中国农学会科技园分会理事
国际园林景观规划行业协会常务理事
中国绿色基金会创意产业分会专家
北京都会规划设计院院长

都会

北京都会规划设计院
地址:北京市海淀区中关村大街 12 号中国农业科学院区划办公楼 508 室　邮编:100081　电话:010-82105059/51502669
传真:010-82105057　网址:http://www.biompad.com　E-mail:bjdhjg@biompad.com

http://www.sh-oupai.com

上海欧派城市雕塑艺术有限公司
SHANGHAI OUPAI CITY&SCULPTURE CO.,LTD

地址：上海市青浦区新城经济开发区一区18号
邮编：201703
电话：021-59751500 59753636
e-mail：ou-pai@163.com

杭州林道景观设计咨询有限公司由资深景观设计师陶峰先生与2002年创立于杭州，通过十年的景观设计积累，作品涵盖了住宅景观、公园景观及酒店景观。融合室内设计团队、建筑设计团队展开了由内到外的景观设计手法，创造并提供了具有活力与价值的景观空间，成为人与自然对话的空间媒介，关注景观的可持续发展，关注现代人们对生活品质的最求。以创意前瞻的设计理念，良好的客户服务，高效的团队合作精神，获得客户的一致信赖和好评。

◆设计涵盖：
房地产景观设计 / 高档酒店景观设计 / 公园、风景区等景观设计

杭州林道景观设计咨询有限公司

ADD：浙江省杭州市中河中路258号瑞丰商务大厦6楼
TEL：0571-87217870 ｜ P.C：310003 ｜ URL：www.hzlindao.com